湛庐CHEERS

与最聪明的人共同进化

HERE COMES EVERYBODY

The Rise
你不是失败，只是差一点成功

[加] 萨拉·刘易斯　著
Sarah Lewis
仵倞　译

致本书那些坚持原则、热情追求的原型：

我的外祖父谢德拉克·伊曼纽尔·李、

我的父母

和上天予我的三个恩泽。

从未唤醒沉睡内心的龙潜，
直到我们奋身而起……

——艾米莉·狄金森（Emily Dickinson）

待谷仓燃尽，
我便可望月。

——水田正秀（Mizuta Masahide）

人们急不可耐地要告诉众人他们的成功，却对失败羞于启齿。人就是被这种片面的掩盖错误和失败的做法所毁掉的。

——亚伯拉罕·林肯（Abraham Lincoln）

我们可能会遭遇失败，但决不能被打败。我知道这听起来很假，但我相信，经受过压力和时间的磨炼后，我们一定会得到耀眼的钻石。若时间减少，我们得到的就只会是水晶，再少一点会得到煤炭，更少一点会得到变成化石的树叶，如果比这还少，那就只能得到普通的泥土了。在电影、歌词、诗歌、散文中，我都曾写到过，我们可能会遇到许多失败和挫折，但我们远比表面上看起来的强大得多，或许还比自己想象的更强大。

——玛雅·安吉洛（Maya Angelou）

目 录

PART 1 第一部分 迷雾

PART 2 第二部分 磨炼

PART 3 第三部分 馈赠

THE RISE

CREATIVITY, THE GIFT OF FAILURE, AND THE SEARCH FOR MASTERY

PART 1

第一部分 迷雾

想知道如何拥抱差一点的成功，

化劣势为优势吗？

扫码下载“湛庐阅读”App，

搜索“你不是失败，只是差一点成功”，

观看萨拉·刘易斯的 TED 演讲。

01

弓箭手悖论

偏离目标，才能命中目标

SUCCESS IS AN
INSTANT,
AN EVENT,
A LABEL
THE WORLD GIVES
YOU,
BUT
EXCELLENCE IS
A CONSTANT
PURSUIT.

成功是一个瞬间，一个事件，
一个世界给予你的标签，
而卓越是一种持续的追求。

千万人的失败，都是失败在做事不彻底，往往离成功尚差一步时就停止不做了。

——莎士比亚

一个仍有寒意的春日下午，哥伦比亚大学射箭队的女运动员们气定神闲地从校队车上下来。其中一名运动员右手拿着一个吃了一半的冰激凌，左手拿着一把带有黄色箭羽的箭。另一名运动员穿着一件护胸，以使身体不受弓箭张力影响。贝克田径综合楼，这座位于曼哈顿北端的哥伦比亚大学的体育设施，迎来了一群无忧无虑的战士。

这些运动员的到来显然不在贝克田径综合楼维护人员的意料之中。又或许，这名维护人员是新来的，因为当我问他射箭队在哪儿训练时，他一脸疑惑地看着我，仿佛不相信射箭居然是哥伦比亚大学的运动项目之一。这是可以理解的。我很早就到了，当时箭靶还没有立起来。运动员手里的箭会以每小时 240 多千米的速度射向大约 70 米外的箭靶时，而为了确保周围人的安全，射箭队从不在有人的场地上练习。练习射箭需要和射击目标保持一定的距离。

德里克·戴维斯（Derek Davis）教练开着一辆灰色的货车过来了。他用一条带着蓝色图案的丝质大手帕包着银白色的过肩长发，这和他身上穿的哥伦比亚大学射箭队的队服遥相呼应。20 世纪 80 年代末，在妻子的支持下，他开始把射箭这项运动当成一种爱好，因为“它比游泳安全，又能让人不沾酒精”。作为一名生物力学专家和瑜伽大师，自 2005 年以来，他一直担任哥伦比亚大学校射箭队和学校俱乐部的领队。要知道，在古代，瑜伽大师可是战争中的圣人啊，只不过后来瑜伽慢慢转变成了一项运动。

我站在训练场地入口的铁丝网旁，运动员们打量了我一番，笑着从我身边走过。刚刚那名拿着冰激凌的运动员扔掉了手中已经快要融化的冰激凌，加入了正在从货车后备厢卸设备的人群。她们之间的沟通没有什么文字类的内容，说的都是数字，比如理想的成绩或者射箭时自身的角度等。

这些女运动员正在为一场即将到来的全国性比赛做准备。这支代表队由女学生组成，没有一个男生。她们小心地放下复合弓和反曲弓[①]，拉满弓再放箭，射出去的箭先呈现一个弧度，再射中箭靶。戴维斯教练没有来回走动，而是站在运动员身后一个很远的地方，他可

① 复合弓是一种复合型的远射武器，是当前最先进的弓；反曲弓是一种侧面看起来与普通长弓不同的弓。——编者注

能是在观察谁需要指导。在离场地边缘稍微远点儿的地方，放了很多装满线轴、钳子、扳手、锤子和钉子的工具箱。

有两名运动员在练习，但只有一名迫切地想知道成绩。起射位置和箭靶之间的距离几乎有两个网球场的直径那么远，运动员射出第一支箭时，戴维斯教练就用望远镜遥看成绩。我几乎能听到射出去的箭和空气摩擦的声音。

“6 点钟方向，7 环。”

“2 点钟方向，9 环。”

有一组的箭还没有落下，戴维斯教练就喊了起来。

“非常好，10 环！”

“10 环，太棒了！”

然而，下一支箭射出之后，四周没有声响了。

“别，别看了！”那名运动员一边说一边活动了一下双脚，然后放下了弓，“这支箭肯定脱靶了！”

“是啊，”戴维斯教练肯定地说，“我都没看见它在哪儿。”

我站在那名运动员身后，试着从她的角度去理解她的感受，毕竟我不是射箭运动员，不知道怎么做才能射中箭靶。射箭前要计算箭上升的弧度、上下和水平移动的路径，这是只有射箭运动员才能预测到的轨迹。在不考虑风速的情况下，如果箭以一个倾斜的角度被射出去，那么它一定会发生一定程度的偏移，也就不会命中目标了。箭就是按这个原理被制造出来的。如果用右手射箭，那你得稍微往左边瞄准一点才能射中靶心。这个小技巧需要运动员在专注于目标的同时，还要注意到箭在呈曲线飞行时所有可能出现的弧度，以及那些可能会影响箭的运动的变量。射箭运动员将这称为双重焦点或分裂视觉。

在练习射箭的过程中，运动员需要不断地进行修正。即使你的能力只能让你射中 9 环，你也要把自己看成一个可以射中 10 环的选手。同样，即使只能射中 7 环，也要相信自己能射中 8 环。射箭运动是一种能提供即时、精确的反馈的运动，它能将一名运动员置于与年轻的自己相比较的情况中。射箭运动员常常与“差一点成功”打交道，射不中靶心是常有的事儿，但很多时候，往往下一秒就能证明他们可以做到。

即使箭离目标只有半度的落差，射箭运动员也射不中靶心。哥伦比亚大学校射箭队前副队长萨拉·沙伊（Sarah Chai）说：“你的手只要移动一毫米，一切就都会改变，特别是在远距离射箭时。”站在距目标 70 米远的起射点，靶心看起来就跟一臂远的火柴尖那么小。射中 8 环，则意味着要隔着这么远的距离在硬面包圈上戳一个洞，而且每次射击都要发力 50 斤。

这的确是一项费神的运动。经过了长达三个小时的训练后，两名运动员躺在起射线那儿仰望天空。在每天都要有三个小时注意力高度集中的情况下，想要找到艾略特所谓的“一个始终存在的终点”，需要特别且持续的专注力。射箭运动员之所以为射箭运动员，是因为他们生活在一个任何细微差异都会导致巨大结果差异的环境中。这就如同要在自然界寻找某种精确性，比如天然的蜜蜂蜂巢，或者爱尔兰巨人之路[①]上天然且完美的六角形玄武岩。当每天的得分保持在1350分以上或者超过1440分时，他们就会减少练习射箭的次数，转而专注于注意力、呼吸技巧、冥想和可视化技巧的训练。有名队员快要被考试压得喘不过气来了，但她仍然坚持参加训练，因为从射箭这一运动中获得的专注力使她面对所有事都能镇定自若。她说：“在国外留学的时候，如果不练习射箭，我就会抓狂。”不射箭的时候，她会感到恼怒和焦躁。

我在射箭训练场待了三个小时，肯定有人很好奇我为什么会在那儿。不可否认，发现一项新运动的快感是源源不断地袭来的。但是，我没有带望远镜，要在三个小时里一直将注意力集中在面前的事物上已经很困难了，更不用说集中在那些费了神也不一定能看到的事物上了。

也是在这一天，我看到了一些一开始不会注意的东西，也就是所

① 一条由数万根大小不均匀的玄武岩石柱聚集成的绵延数千米的堤道，被视为世界自然奇迹。——编者注

谓的“黄心病”或“黄心抗拒”[①]，了解到了当一个人成为合格的或优秀的射箭运动员时会发生什么。与期待结果相比，他们变得想直接命中靶心而不考虑过程。在极端的情况下，如果运动员在前一天射中了靶心，第二天他的箭就会射向停车场。没人知道这究竟是一种窒息感、一种表现焦虑，还是某种形式的肌张力障碍。但我们知道的是，唯一能使运动员从这种状态完全恢复过来的方法就是从头开始，重新学习射箭，专注于练习呼吸、站立姿势、起射位置、撒放和射形这些基础的东西。不过，在我见到的射箭运动员中，没人有这种靶心恐惧感，就算有，也没人会承认。

然而，还有其他与射箭有关的东西吸引了我，让我心甘情愿地待在这里。我离开射箭训练场，沿着地铁轨道走在百老汇大街上，突然间就想明白了。我鬼使神差地走到美国的一个历史地标处，那是迪克曼家族（Dyckman family）于 18 世纪建造的一座农舍。它曾矗立在曼哈顿从哈得孙河到东河的一处狭长地带上，现在却坐落在一条繁忙的大街上，被灌木丛和树叶遮住，几乎看不到踪影。我被百老汇大街上这座与四周环境不搭的农舍吸引住了，于是进去参观了一番。实际上，这是我在那一天中进行的第二次参观。观察一支练习中的射箭队，就好比参观一处古老的遗迹并仔细揣摩其如今已不可见的建造过程，这二者的过程都不是竞争性的，而是哪里有胜利者，哪里就有对卓越的追求。

① 由于射箭运动员常年在训练中瞄准箭靶中央的黄心，以致对靶心产生了视觉疲劳，在潜意识里抗拒它，进而影响发挥。——译者注

可是，为什么射箭运动员会产生黄心抗拒呢？一个原因是，射箭训练场上的卓越并不是那么美好，那么令人心驰神往。训练场上的一切都是高尚的，没有丝毫阿谀奉承。这项运动几乎不涉及本土文化，我们能看到运动员追求这种程度的精确的犟劲儿是什么样子，而这就表示，在三个小时的训练中，你得准确地调整身体角度、确定风速才能射中靶心，在默默无闻和无声无息中追求目标。射中靶心是一种日复一日、无止无休的尝试，可尽管如此，却很少有人能看到你的努力。这一点在更常见、更受欢迎的运动项目上更加明显，比如说篮球或足球运动。那些让人有更大的机会获得荣誉的运动项目，往往需要更多、更刻苦的练习和尝试。而射箭，是一种结合了罕见、严肃的目的的边缘性运动。

还有另一个原因。在每一支箭射向箭靶时，射箭运动员都被夹在成功（正中靶心）和卓越（如果不能勤加练习，那知道这个词也没有任何意义）之间。如果大胆猜测一下，我会觉得，卓越所需的无止无休的练习的过程性和成功的瞬时性之间的紧张关系，是造成黄心抗拒的主要原因。

卓越需要充足的耐心。卓越与完美主义不同，完美主义更关注他人如何看待自己。卓越与成功也不同，卓越不仅是对目标的承诺，更是在曲折的道路上对目标的不懈追求，而成功只是基于某一事件的一次胜利、一个瞬间。

从不可能中诞生的成就

当到达某种高度时，我们就会与成功相遇。实际上，那些经典的成就，无论是获得诺贝尔奖的研究、企业家的发明创造、经典文学、舞蹈，还是视觉艺术作品，都不是一开始就成功的，而是一支箭在射出去之后的转换和修正。

在很长一段时间里，我对人类的成长十分好奇，常常思考人类是如何消除疑惑，以世界从未见过的方式发展的。我是家里唯一的孩子，小时候我就会研究长辈、同龄人、古代的伟人以及那些如今处于权力巅峰的人的故事，或者是那些与我的生活既相似又大不相同的人们的故事。于是，我很自然地得出了这样一个结论：在大多数人会逃避的事情上，拥有创新者、创造者、发明家这类身份或职业的人已经拥有了一个无法被取代的优势。时至今日，我仍然记得我领悟到那个真理时的震撼感，也就是：**只有在去发现、去主动迎接、去穿越那令人望而生畏的境况时，我们才能真正成为最完整的自己。**

虽然直到写本书时，这个真理才突然出现在我的脑海中，但在一生的绝大部分时间里，我都在思考它。我曾经在很多时候与这个真理相遇，比如我去剑桥大学的时候，又比如我走进哈佛大学低矮的房间，一直担任学校招生主任的比尔·菲茨西蒙斯（Bill Fitzsimmons）说他上高中时曾被学校开除过的时候。当时，菲茨西蒙斯不学好还逃课，于是就被学校开除了。他不得不申请邻近城镇的一所高中。据他所说，这给了他一股韧劲儿，也让他明白了一些他认为对生命本身至关重要的事情。我去拜访菲茨西蒙斯时，他对我说："我记得你的申请。"他看着我前胸佩戴的哈佛大学校友的名牌，又将这句话重复了一遍。他咧嘴一笑，随即又像是要压抑住某种想法似的抿起了唇。

或许，他只是不想提起那段被他回想起来却被我遗忘了的记忆——我写了一篇关于失败的优势和重要性的论文来申请哈佛大学，而这个主题是我在 18 岁时察觉到的。我站在那儿，想起了当时我是怎样瞒着父母和大学导师去写这篇论文的，因为我深知这篇论文会让他们认为我是在拿自己的前途冒险。直到最后一刻，我才让他们知晓这篇论文的内容，而那时，即便他们持反对意见，我也没有其他论文可以代替，只能把这篇交上去了。我想通过写作来探索对生活的感受——**发现、创新和创造等成就往往甚至只能从不可能中诞生**。

事后我才发现，当时我之所以会专注于生活中看似毫无可能成功的事物的潜力，是因为我开始接受在生活中被人低估所带来的礼物。在你未发一语之前，整个世界都可能认为你是一个失败者，那么，你怎样才能在他人预设的看法中找到卓越之处，并将其转化成一种能实现自己愿望和梦想的优势呢？

有一次去看望住在弗吉尼亚州乡下的外祖父和外祖母时，我住在一间几乎要沉到地下的木屋里。那时候，这种信念变得明晰了起来。似乎是木屋自己的意志和工匠的努力一起托着它，才使它没有沉下去。外祖父谢德拉克和外祖母布兰奇的生活围绕着三个房间展开。厨房位于三个房间的中心，里面摆满了各种我认为他们不会吃的食物。

此外，还有一个餐厅和一个客厅，所有能在餐厅做的事情我们都在客厅进行。一条过道把几个房间连接了起来，外祖父就是在那里描绘出了他心中多姿多彩的世界。夜晚，他是一位看门人，也是一位爵士音乐家。周末，他还会帮忙画广告牌。他在餐桌上向我们展示他的成果，餐厅就是一个展示梦想的地方，而外祖父的梦想是由艰苦的生活造就的。现实帮他清楚地知道什么才是他想做的，什么样的人才是他想成为的。最重要的是，如果没有外祖父这个榜样，我就不会写这本书了。

站在剑桥大学那间屋子里时，我意识到，多年以后，除了学术和管理的工作，我还得思考如何用未知却至关重要的方式来塑造未来的自己。

下面这些故事，你一定有所耳闻。艾灵顿公爵（Duke Ellington）说："我只是把用来发愁的精力花在了写蓝调音乐上。"美国剧作家田纳西·威廉斯（Tennessee Williams）认为，正是那些"表面上的失败"激励了他。他说："就在负面评论出来的那个晚上，我乖乖地坐到了打字机前。如果成功了，那我就更有动力继续工作了。"由于经过无数次失败的实验后才成功发明出电灯，许多人对爱迪生坚韧不拔的精神表示怀疑，但他却对助手说："我并没有失败，我只是找到了一万种行不通的方法。"1912 年，美国作家、诗人格特鲁德·斯泰因（Gertrude Stein）收到了一封出版商给他的信，上面写着："只要有顾客看一眼就行，但它几乎一本都卖不出去，一本都卖不出去，一本都卖不出去啊，这本书太难卖了。十分感谢……"

通过梳理糟粕，艺术家、企业家和创新者能够学会如何纠正之前所走的弯路。

电报作为通信革命的基础，是由一位叫塞缪尔·莫尔斯（Samuel Morse）的画家发明的。莫尔斯将画笔从画架上那幅他认为失败了的画上挪开，投入到了对世界上第一个电报装置的发明中。20 世纪 30 年代，后来获得奥斯卡终身成就奖的弗雷德·阿斯泰尔（Fred Astaire）曾经去好莱坞黄金时期八大电影制片和发行公司之一的雷电华电影公司（RKO）试镜，而试镜结果是他“不会唱歌，不会表演，有点秃顶，但会跳点舞”。

从毕业典礼上的演讲者那里，我们能听到更多类似的故事，从 J. K. 罗琳到史蒂夫·乔布斯，再到奥普拉·温弗瑞，完全不需要动用陈词滥调，他们就能向听众讲述自己是如何通过不同寻常的方式取得如今的成就的。然而，对有些人来说，“从失败中吸取教训”这种事就是陈词滥调，并不被看好。

创造性的转变从何而来

本书的内容关乎创造性努力的徒劳性。伟大的发明创造和成就都来源于劳动，即试图从心灵里创造出献给世界的礼物，它包括一条充斥着挫折并且挫折所带来的经验能为人提供不可估量的收获的道路。或许有人会说，我们所说的“工作”并不能被归于这一类。“工作就是按小时做的事”，作家刘易斯·海德（Lewis Hyde）在其开创性著作《礼物：创新精神如何改变世界》（*The Gift: How the creative spirit transforms the world*）中说，劳动“有自己的节奏。我们能从中得到报酬，但它很难被量化……写写诗、养养孩子、发现新的微积分计算方法、解决神经官能症的治疗问题，各种各样的发明创造都是劳动”。

世界上好像存在着一条分界线，将创造、创新和发明划分给某个人或某个精英人群来进行，也就是在被选中的人中挑选出少数人来将其完成。然而，平凡人的故事对这个分类是一个挑战。假如说每个人都有能力将痛苦转化为优势，那一定是因为在各种各样的创新中，创造性的过程都是十分关键的一环。

从这个角度来看平凡人取得成就的故事，从中得到的就是那些被忽略了宝贵价值的想法——臣服的力量、差一点成功的推动力、创新所发挥的关键作用以及坚毅和创造性实践的重要性。

虽然“失败”是本书的核心主题，但本书中很少会用到这个词。失败是不完美的，一旦我们开始曲解它，它就会变得与本意相去甚远。我们常常会选择忽视失败，这不是因为它难以被发现，也不是因为畏惧它，而是因为一旦准备谈论失败，我们就会选择用其他表达来代替它，比如一次学习的经历、一次尝试，抑或一次再创造，而这就不再是一个单纯的失败的概念了。

19 世纪，失败是一个用于评估信用价值、描述破产的术语，现在则被强行当作一个适用于所有人价值观的词。失败有一个同义词——空白，这是 19 世纪时期的一个诗意的术语，描绘了一种由经验带来的使事物如擦拭过那般干净的状态。此外，它也暗示了无穷。[1]

想要找到一个准确的词来描述失败与替代性表达之间的这种动态变化是很困难的，就像要找到能被测量到但从未被分离出，也从未被肉眼见到过的元素钫一样。要知道，钫可是世界上最不稳定、最神秘的元素之一。没有人知道钫以一种可见的形式存在时是什么样子的，但它确确实实存在着，而且就散布在地壳的矿石中。很多人认为令人难以置信的崛起是可能的，而且这些故事会贯穿我们的一生，永远都不会融合成一个单一的动态概念。这与射箭运动员的黄心抗拒一样，是一种普遍的感觉，但又并不常见。这一现象往往被深藏起来，也很少有人讨论与之相关的话题。恢复力、再创造和坚毅确实存在，但没有一个词能描述这种已逝去但至关重要的永恒真理：当看起来像冬天时，它其实是春天。

这一章简要地介绍了某种到现在还没有确切定义的基本思想。在无法用一个词来表达一个固有的、暂时的想法时，如果它出现了，我们就会用一种完全不同的方式谈论它。它会有各种各样的生成环境，比如低估、失败、覆灭和挫折，但它所激发的活力是内在的、个人的，并且常常是无法被人发觉的。正如传奇剧作家克里斯托弗·弗赖（Christopher Fry）所说的：

从自我中
分离的人，能发现一些
胜与败的区别吗？

我们能从失败中学到很多，但不得不说，这已经是老生常谈了。当然，这也不是百分之百的准确。无论是对自己还是对公众来说，创造性的转变都来源于人们选择如何在有故事的语境中谈起它。

◇◇◇◇◇◇◇◇◇◇◇◇◇◇◇◇

5 月某个寒冷的一天，我看着哥伦比亚大学的射箭运动员，突然明白了为什么分毫不差的练习无法让他们取得成功。有些射箭运动员能花几个月的时间练习呼吸节奏，以便在心跳之间射出箭，他们还能不断练习动作，将身体和肩胛骨运动锻炼得趋于完美。一开始，他们只用手和橡皮圈在十分近的射程里练习射中很大的箭靶。逐渐添加训练元素后，他们只有做到几近完美的地步才能把箭靶移到更远的地方，之后再继续训练。成功就意味着要处理弓箭手悖论[①]，要处理那些不可控的事，比如风、天气和生活中必然的变化。射中靶心则意味着要学会处理弓箭飞向箭靶时的曲线。

① 指射箭时，尽管箭刚搭上弦时指向目标的侧面，看起来似乎会射偏，但射出的箭还是会沿着拉满箭弓时箭头指示的方向前进，进而命中目标。——编者注

本书不是阿里阿德涅[①]的线团，而是一条让你能在艰难的环境中蜿蜒前行的绳索。本书是一种探索，是一本关于人类能力故事的地图集，是一项对早在科学证实之前就已察觉到的事实的叙事型调查。本书出现的人物都给予了我充分的信任，让我可以在这里展示他们的人生之旅，同时也给了他们一个之前从未意识到的警示，也就是本书无意中提到的主题。正是创造性过程推动了发明、发现和文明的出现，它也提醒我们如何灵活地将所谓的失败转变成个人独有的优势，转变成一个曾为人所知的、存在过的、理所应当的想法，而且，我希望它不会再被这个世界遗忘。

尾注

[1]8 世纪之前，各国文明在形成具体的表现形式之前，零都曾用空白来表示。这带来的后果是，完全不相同的东西看起来却十分相似，如果零是单独存在的，就没有任何背景或标记可用于识别它。因此，古老的石碑上永远都不会出现零。零不是终点，但起初，没有任何一个术语能用来暗示这一最终发现。没有人能确定它的来源，最终，它变成了创造之谜的象征，人们用“圆鹅蛋”来表示零。而随着时间的推移，它又成了一个语言的象征，成为一片虚空、一个圆、一条没有尽头的线。

① 古希腊神话人物，指克里特国王弥诺斯之女，她爱上了雅典英雄忒修斯，后来给了忒修斯一个线团，帮助他走出了迷宫。——译者注

未完成的杰作

差一点成功比成功更值得重视

SUCCESS GIVES
SATISFACTION AND
PLEASURE,
BUT
A NEAR-SUCCESS
CAN PUSH PEOPLE
TO
KEEP LOOKING.

成功能让人获得满足和愉悦，
但是，差一点成功能推动人们不断追寻。

我总有一种没有完全揭开自己面纱的感觉。

——切斯瓦夫·米沃什（Czeslaw Milosz）

有一年，我驱车去了一个地方。有人告诉我如果在那里极目远眺，能有幸一睹大地的尽头。在那里，天空和大地的联系不再是世人所熟知的那样，四周没有明确的标志来指引我前行。这种现象只发生在很少的地方，我去过的，像犹他州的邦纳维尔盐沼，在离内华达州边界不远的地方，有一片白茫茫的史前湖床；澳大利亚的艾尔湖；智利的阿塔卡马盐沼；玻利维亚高原上大大的乌尤尼盐沼，那里也是神秘的粉红色火烈鸟栖息的地方。

在这些地区，年复一年，湖水的蒸发量已经超过了降水量，干燥的风把剩下的盐分都聚集到了一个平面上，并且在各个方向都呈现出同样的平整度和样态。上次去邦纳维尔盐沼的时候，我在盐沼边遇到了一个男人。他一脸困惑地对我说，他开车穿过邦纳维尔盐沼所耗的汽油竟然比穿过整个伊利诺伊州所耗的还要多。不管是开车还是行走在上面，都有一种站在球上的感觉。在一片令人目眩的白茫茫的地面上，每向前迈出一步都有一种出乎意料的新奇感。这个旅途无穷无尽，似乎要让人以为可穿越的范围延伸了。

群山造就了邦纳维尔盐沼上的幻象——这里的土块看起来就像悬挂在空中。目之所及处让人认为那一定是山脚，谁知那堆岩石正好随着地球的曲线而弯曲，消失不见了。

盐沼的变化使这里的山有了飘动的倩影，燧石般的山峦盘旋着，山峰就像被巨人打磨过一样，像箭尖那样锋利。它们就那样坐落在那里，像是把一个无法触及的未来展现在我们面前，却又像在嘲讽我们似的。

很少有人想要到盐沼来。它是那种只有当你无处可去时才会去的地方，你得开车穿过盐沼才能到达目的地，或者你纯粹是去冒险的，就好像地球上其他的自然景观再也不能吸引你，而只剩下这个如同外星球一般的地方了。当地面干涸时，这是一块光看上去就很自由的土地，毕竟，这里几乎没有什么东西。现在，有些人来这里是为了创造每小时 720 多千米的陆地赛车记录，还有些人则是来参加一年一度的全美射箭协会飞行锦标赛的。我去的时候，有很长一段时间，这里安静得让我只能听到自己的鞋子踩在皱巴巴的土地上时发出的“吧嗒吧嗒”的声音。如果没有偶尔能撕裂空气的打雷声，没有能冲破声音屏障的赛车轰鸣声，那这里还真是一片寂静的土地呢。

其实，这里也折射出了我们的人生。

> **当前方是一片坦途，当完成了许多要做的事，当前进的方向看起来一片光明，我们就会内心无比明确地前行。但是，只要面前有一个障碍，我们就会变得漫无目的，漂泊不定，迷失方向。**[1]

有人说，我们走的路从来都不是真正的直线。当走在盐沼上，你很难持续地走在一条直线上。这条起初似乎是直线的路，在事后看来却是一条条由曲线组成的清晰而又弯弯曲曲的路。但我们意识不到这一点，于是只能不断地进行自我修正，最终走过了比印象中还要多的路。

一位比我去邦纳维尔盐沼次数还多的艺术家朋友告诉我，即便是在向导的带领下，她也从来没有完整地穿越过盐沼，也没有走过一条弯曲的小径，与像碗一样环着盐沼的山丘相遇。上次我们聊天的时候，她说她已经试过三次了。我们都认为这是一段神秘的旅行，“就像爬山一样，因为并不确定自己是不是在山顶，所以你会不停地往上爬。当到了你认为的最高点时，其实你已经又到了山的边缘，但你发现不了也意识不到自己早已超越了顶峰”。

在盐沼上行走，就是在验证弓箭手悖论，这也是优秀的弓箭手所运用到的离心逻辑。

未完成的杰作与不可避免的残缺

我们常常会把一件艺术品或一项发明称为杰作或经典，或者将它当作一个取之不尽、用之不竭的宝藏。而它的创造者却往往认为它还有缺陷，还有很多不完美之处，需要被反复地修改。[2]这种情况可能比我们想象得还要多。这里我只举几个例子。

在小说《喧哗和骚动》出版后，福克纳又对其修改了 5 次，随后还给小说写了一个附录作为补充。

现代艺术之父保罗·塞尚担心他会在“实现终极目标之前离去”，而如他所言，所谓的“终极目标”，就是创作一个真真切切的、源于自然的艺术作品。他总觉得自己的作品不够完美。[3]塞尚和霍夫（Frenhofer）很像。霍夫是巴尔扎克 1831 年所写的短篇小说《不为人知的杰作》中的主人公，是一个皮格马利翁式的人物，他的美学目标是以女性的形式重新创造现实世界，然而却以不可避免的失败告终。作为一名先行者，霍夫探究了色彩、线条的含义，“但在进行了这么多的调查后，他开始怀疑自己的研究对象”。后来，莫里斯·梅洛－庞蒂（Maurice Merleau-Ponty）将这一现象称为“塞尚的困惑”，而霍夫也确实是塞尚最喜欢的文学人物。

根据埃米尔·伯纳德（Émile Bernard）的讲述，他在采访塞尚时，他们谈到了霍夫和《不为人知的杰作》，塞尚“从桌子那边绕过来，站到我面前。他用手指着胸口，以这种姿势默认他就是小说中的人物，就是霍夫。塞尚被这种共鸣触动了，眼里饱含泪水”。而画自画像时，塞尚也给这幅画加上了一些霍夫的元素。塞尚很少认为自己的作品已经完成了，但他会把它们存放起来，似乎“总有一天能想起并将它们重新拾起来”。所以，塞尚的大部分作品是没有署名的——在他的作品目录中，只有不到 10% 的画作上有他的签名。

曾获得诺贝尔文学奖的诗人切斯瓦夫·米沃什也是众多有这种行为的人之一。他认为创作就像行走在一块不断延伸的结晶土地上，看不到尽头。每一本诗集完成后，他都会说：“总有一种没有完全揭开自己面纱的感觉。在每一本书写完并出版后，我都想着，‘好吧，下次我会揭开自己的面纱’。可当下一本书完成时，我仍然会有这样的感觉。”

当我们保持领先时，便会超越自我。这也是艾灵顿公爵的智慧，他最喜欢的曲目总是还没写出来的下一首。就像试图找到声波的终点一样，他永远都不会停止尝试。

对卓越的追求几乎是永无止境的。“主啊，请赐予我渴求的力量。”米开朗琪罗曾这样恳求道。就像西斯廷教堂里画的《创世记》中的那幅画一样，亚当伸出手指，却没有触碰到上帝，这个画面深深地印在了我的脑海中。当米开朗琪罗被要求在离地面 20 米高的天顶上作画时，他说他的头几乎快仰到“背上”了，还差点得了甲状腺肿大。他的每一个姿势都变得那么盲无目的，画笔上的颜料也正好掉在了他仰着作画的脸上。

米开朗琪罗在给朋友乔瓦尼（Giovanni）寄去的十四行诗中哀求道：“我的画毫无生机。请为我辩护吧！这不是我该待的地方，我不是一位合格的画家。”在这幅画的旁边，他画了一幅他的自画像，画面中，一个人站在那儿，仰着头在天顶上画一张魔鬼般的面孔。当米开朗琪罗再次在教堂天顶上开始创作，绘制《大洪水》时，墙上的灰泥混合物发霉了，石灰霉菌困扰着他的工作，他觉得十分粗俗可笑。米开朗琪罗写信对他的赞助人教皇尤利乌斯二世（Pope Julius Ⅱ）说，“教皇陛下，这幅画算不上什么艺术，一切都被搞砸了”，并向教皇请辞。[4]

米开朗琪罗以前就留下过没有完成的作品。他常常故意这样做。后来，这种行为形成了一种风格——未完成状态（non finito）。学者称他的人物雕塑是从粗糙的原石形状上自然浮现出来的，公众也开始了解他的习惯。当博洛尼亚准备为圣彼得罗尼奥大教堂建造一座昂贵的教皇铜像时，米开朗琪罗对他的兄弟说：“博洛尼亚的所有人都认为我永远完不成这座铜像。”这种刻意残缺的美也成了谦逊和超越自我的隐喻。

对这种未完成状态作品的分类有很多种。有些在外界看起来是完整的，但在其创作者眼中依然是有缺陷的，或许这些作品的创作者会在一个设定的最后期限前将它们完成。有些则完全是因失败而被放弃了。在被放弃的作品中，有很多还算不错的作品，虽然没有完成，但仍然能帮艺术家提高艺术技巧；有的则在被宣告失败后由他人完成。

我们常会对以上最后一种未完成状态的作品细细揣摩，思考我们所看到的、听到的或读到的与理想之间的距离有多远。就像刘易斯·海德所说的，想想梭罗在离世前留下的那一大堆“为了写一本关于印第安人的书而准备的 11 卷、50 万字的手稿”。如果一位艺术家在完成一部受世人瞩目的经典作品前就离世了，那人们常常会选择继续他未竟的事业，并会产生一种不能拥有这部作品的挫败感和沮丧感。人们可能会想，把艺术家没来得及完成的作品公之于众是否是正确的呢？然而，人们往往会像对拉尔夫·艾里森（Ralph Ellison）的《六月庆典》（*Juneteenth*）和《枪决前三天》（*Three Days Before the Shooting*）所做的一样，从作者去世时留下的 2000 页手稿中挑选出可留下的内容，或者是像对大卫·福斯特·华莱士（*David Foster Wallace*）的长篇但未完成的小说《苍白的国王》（*The Pale King*）所做的一样，似乎我们能真切地知道艺术家的不断创作会给作品带来一个什么样的结局一样。

在卡夫卡眼中，他的作品是不完美的。然而，在其他人眼中，他的作品却是值得称赞的。去世前，卡夫卡曾有一个“最后的请求”，他在位于布拉格的家里的桌子上留下了一封信，信中写道：“把我留下的一切……日记、手稿、信件（我写的和其他人写的）、素描等，都烧掉，不要给别人看。”[5] 他把这封信留给了一位相交 20 多年的朋友——马克斯·布罗德（Max Brod）。早在离世的三年前，卡夫卡就告诉布罗德他会有一个请求。[6] 不过，布罗德并没有按照卡夫卡最后的请求去做，而是将他的手稿整理出版了，这才有了现在我们能看到的卡夫卡的所有小说：《失踪者》《审判》《城堡》，甚至《城堡》还是一部未完成的作品。在有生之年，卡夫卡只出版过 450 页的文本，但《纽约时报》报道称，“根据最新的统计，在过去的 14 年里，每 10 天就会出版一部有关卡夫卡作品的书”。

基于破碎的片段进行补充是视觉机制的一部分。正如神经学家萨米尔·泽基（Semir Zeki）所说的，这一技能归功于大脑的能力，它能让人从一些曾经见过的信息碎片中重建出一个完整的图像。比如说，虽然从来没有看见过自己的后脑勺，但我们知道它是什么样的。泽基写道，未完成状态的作品“激发了观众的想象，让观众可以在自己的精神层面对这一作品进行完善”。

从某种程度上说，当我们有目标、有更多的事情要做时，便会超越自我。一直以来，刻意的不完整创作都是创造的核心。例如，在纳瓦霍文化中，有些手工艺人会刻意追求不完美，故意给纺织品和陶瓷制品制造一些缺点和瑕疵，并将其称为“精神的出路”。因为这样，他们的手工艺品就有了不断完善下去的理由。在 20 世纪产的纳瓦霍地毯中，几乎四分之一的地毯里都有颜色对比鲜明的丝线，它们从地毯内部的图案向外延伸到图案的边缘。纳瓦霍人的篮子和陶器上通常也有类似的线条，他们将这称为“心的出路”或“思考的突围”。之所以要做成这种未完成状态的样式，是为了给手工艺人的思想留一条出路，以防止他们的思考能力被禁锢，避免给人一种不自然的感觉。

不可避免的残缺会随着卓越而来，因为一个人越卓越，

前方的道路就越平坦，他就越能清楚地看到盘旋在视线中的那座山。

乔丹·埃尔格拉布利（Jordan Elgrably）问过美国著名作家詹姆斯·鲍德温（James Baldwin）一个问题："当知识储备不断增多时，会发生什么？"鲍德温回答："你会知道自己的无知。"如果用一个术语来形容这种现象，那就是邓宁–克鲁格效应（Dunning-Kruger effect），即专业程度越高，就越能清晰地认识到自身的局限。反之亦然，掌握知识会让人意识到自己实际上有多么拙劣，而无知有时其实是一顶保护罩。

爱因斯坦离世时，他在普林斯顿大学办公室的桌子上仍然堆着一堆文件，那是他当时正在研究的万物理论的相关资料。他把万物理论总结出来，交给了一个叫芭芭拉的年轻女孩。芭芭拉沮丧地给爱因斯坦回信说她的数学成绩比平均分还低。[7]爱因斯坦则告诉她："不用担心你的数学成绩，跟你讲一件事，我的数学成绩比你的低得多呢。"

为什么第三名比第二名更满足

当达到了卓越，即似乎没有什么可以被超越了时，我们就需要寻找超越自我之路。成功会激励我们，而差一点成功，也就是在一条曲折道路上的不断的自我校正，更会推动我们继续探索。当我们有了目标、不断追求或者以能够创造为目标，当结果取决于在成功和失败交汇之际发生的事，差一点成功就会出现。

奥林匹克比赛是为数不多的能充分展示这种追求的体育赛事之一。20 世纪上半叶，它将登山家和艺术家的活动列入了运动的范畴。[①]在 1912 年到 1948 年的奥运会上，建筑、文学、音乐、绘画和雕塑 5 个领域的比赛与体育比赛享有同样的地位。评委和参赛者中不乏一些极有名气的人，比如美籍俄裔作曲家、指挥家和钢琴家伊戈尔·斯特拉文斯基（Igor Stravinsky），捷克作曲家、小提琴和中提琴演奏家约瑟夫·苏克（Josef Suk）。

艺术家要把自己的作品当作出自业余爱好者之手而不是出自专家之手的东西，我们很难评价奥林匹克比赛的这项规定。不过，艺术比赛和登山运动的命运差不多，在当时的世界舞台上，这两项都是比较短命的竞赛。虽然将艺术事业和运动放在一起比较看起来很奇怪，但实际上，这两种努力都呈现出高层次的状态，其结果都取决于参赛者的能力、精神、意志、信念和专注力。这些参赛者不是为了竞争，而是为了追求卓越，他们最主要的目的是与自己竞争。

康奈尔大学的心理学教授托马斯·吉洛维奇（Thomas Gilovich）表示，差一点成功这种现象，很容易在银牌和铜牌得主身上看到。吉洛维奇参与了一项研究，研究对象是 1992 年夏季奥运会的银牌和铜牌得主。研究团队评估了所有可能的因素，比如视觉和语言反应、赛

① 指的是奥林匹克艺术比赛，也被称为“缪斯五项艺术比赛”。——编者注

后采访时的回答以及在领奖台上的站姿，结果发现，相比于铜牌得主，银牌得主似乎更加沮丧，也更重视接下来的比赛。这是因为铜牌得主离丰收、胜利的荣耀更远，而银牌得主差一点就成功了，所以他们很容易被“如果……就好了”这样的想法困扰。[8] 吉洛维奇发现，虽然铜牌得主排名最低，但他们往往有一种满足感，对自己也有奖牌而不是第四名感到欣慰。[9]

这种心理活动互换之所以会发生，是因为人有反事实思维，会出现一些“如果……那么……”的想法。丹尼尔·卡尼曼（Daniel Kahneman）和阿莫斯·特沃斯基（Amos Tversky，已故）通过一项思维实验首次发现了这一点。这项实验要求人们想象自己在错过预定航班 5 分钟或 30 分钟时的沮丧程度。对于晚了 5 分钟的乘客来说，他们能很轻易地想到影响自己赶上航班的原因，于是就会想“如果在去机场的路上把车开快点就好了”，或者“如果出门的时候能早点找到钥匙就好了”。而对于晚了 30 分钟的乘客来说，他们就很难想到导致自己迟到的因素了。当然，人们越沮丧，就越有可能在未来改变自己的行为。

差一点成功会给人带来持久的冲击，正是因为这一点，老虎机和现场摇奖活动的程序才常常被设置成只比玩家预期高一个数字，以此来鼓励玩家继续游戏。20 世纪 70 年代，被称为“心脏塞子”的彩票不断控制游戏的持续时间，后来，英国皇家赌博委员会将其列入了行业“滥用”的范畴。每次拉杆时，老虎机都会将赢钱的概率保持在一定的范围内，而这种差点儿就能中奖的感觉会让玩家觉得胜利近在咫尺，进而不停地玩下去。

在赛场上，杰西·乔伊娜－柯西（Jackie Joyner-Kersee）出现了和铜牌得主相同的想法。1984 年奥运会上，她在 800 米比赛中以三分之一秒之差，与七项全能比赛的金牌失之交臂。她的教练，也是她的丈夫鲍勃·柯西（Bob Kersee）预言，这将会使她在 1988 年奥运会上更有韧劲儿。果不其然，1988 年奥运会，乔伊娜－柯西以 7291 分的成绩创造了七项全能比赛的世界纪录。从那以后，再没有一位运动员能打破这项纪录。

在 1991 年的奥运会东京预选赛上，乔伊娜－柯西因伤再次失利，鲍勃·柯西知道这将激励他的妻子再次赢得七项全能比赛的金牌。"我认为她能做到"，他说，不是因为采用了新的训练方法，而是因为"东京预选赛上失利的阴影一直困扰着她"。1992 年，乔伊娜－柯西在跳远比赛中获得了铜牌。不过，这位在当时被称为世界上最伟大的全能女运动员的女性并没有表现出挫败感——她带伤参赛，而这块铜牌则成了她的"英勇勋章"。

如何利用胜利前的压力

无论是假想中的还是预期中的，甚至是不能被归于这两种情况中的，差一点成功都无处不在。离开哥伦比亚大学射箭队后，我和资深记者安德烈亚·克雷默（Andrea Kremer）通了电话。在过去的 30 年里，克雷默因为深入且犀利的采访而备受尊敬，她为 HBO《真实体育》（*Real Sports*）栏目、美国广播公司报道运动队和运动员们的故事。克雷默向我讲述了获胜的运动员如何进行自我反思的故事，“制造挫败和弱点就是为了让它们成为使自己更上一层楼的动力”。

胜利前的压力让克雷默着迷。没有了这种压力，人们就会缺乏一些必需的动力。她认为，这可能就是没有一支队伍能在美国职业橄榄球大联盟中夺得三连冠的原因。就像一位经验丰富的教授会根据数十年的研究而飞快地说出某些事实一样，她很快就列出了其他领域的几个球队，这些球队似乎不费吹灰之力就可以颠覆她的理论。

> 在篮球方面，公牛队夺得过两次三连冠，湖人队夺得过一次，但是在美国职业橄榄球大联盟中，却没有一支队伍夺得过一次三连冠。有些队伍不止一次拿到冠军，如钢人队、爱国者队、野马队，但夺得三连冠却很难，因为让自己站在那个高度并保持与这个高度相匹配的精神欢愉是非常困难的。

保持胜利所需的自觉约束力和心理灵活性与第一次取得胜利时付出的努力大不相同，并且前者往往更难。[10]

当前方是一片坦途时，高水平的表演家会给自己制造阻碍，以创造出一种不甚完美的体验和一种推动这种不完美继续发展的动力。詹姆斯·道森（James Dawson）是纽约市林肯中心附近一所专业儿童学校（Professional Children’s School, PCS）的校长，他热情洋溢、和蔼可亲，对此有独特的看法。近 20 年来，这所学校为社会输送了大批芭蕾舞演员、奥运会健儿和天才演员。它与公立和私立学校设置了相同的课程，但有时也会为了满足那些小小年纪就成为精英职业人士的学生的生活而排出时间。纽约市芭蕾舞团中，40% 以上的舞者毕业于 PCS。学校的 200 名学生成了演员，有的是百老汇演员，有的是其他地方的演员。大提琴演奏家马友友、演员萨拉·杰西卡·帕克（Sarah Jessica Parker）、演员乌玛·瑟曼（Uma Thurman）、贝雷尼卡·扎克热夫斯基（Berenika Zakrzewski）等人都是 PCS 的毕业生。在 PCS 的毕业生中，95% 的申请了大学，85% 的人被大学录取了。

我们在哥伦布圆环附近的一家餐厅边吃早餐边聊天，道森点了煎饼，在吃到最后的时候，他告诉我他的学生是如何进行严格的自我反省的。在得到学生允许的情况下，他给我讲了几个故事。

一位俄罗斯籍钢琴演奏家问道森有没有注意到他在一场演奏会中漏弹了第四乐章的第三小节。“我没有注意到。”道森一脸茫然地说，然后笑着摇了摇头。

一位小提琴手在一场大型比赛中获得了第二名。之后，他告诉道森，比赛时犯的一个小错误让他觉得自己辜负了莫扎特，为此他整日情绪低沉，甚至有一段时间完全没有练习小提琴。有一天，在大厅里，他悄悄告诉道森，他又重新拾起了对小提琴的练习。

道森说：“我一半的工作是在引导学生们进入自己的内心世界。”

道森为这些经常在公众场合表演的年轻表演者提供了一个安全的空间，对他们来说，根植于内心的奋斗精神会使挫败感变得平凡化和普通化。

幽默的谈话也能推动差一点的成功向前发展。德国电影制作人沃纳·赫尔佐格（Werner Herzog）曾经和他的朋友兼同行、电影制作人埃罗尔·莫里斯（Errol Morris）打过一个大胆的赌："如果你能完成《天堂之门》(*Gates of Heaven*)，那我就把脚上的鞋子吃了。"后来，莫里斯真的完成了纪录片《天堂之门》，赫尔佐格也说到做到，把他的鞋子煮着吃了。在加利福尼亚州伯克利一家著名的餐厅，老板兼大厨艾利斯·沃特斯（Alice Waters）帮赫尔佐格准备了他的皮鞋大餐，并为他配上了一点香料、大蒜、汤汁和香草，足足炖了 5 个小时。在伯克利校园剧院，《天堂之门》的首映式上，赫尔佐格在公众面前吃了他的鞋——他用锋利的剪刀和一把小刀将烹饪好的鞋切在一个带有黑边的白色盘子里，把他唯一不吃的鞋底像丢弃鸡骨头一样扔到一边，并在咀嚼间大谈电影的重要性。

差一点成功带给人的痛苦感受是无法消除的。1988 年汉城奥运会上，一位叫边正日（Byun Jong-Il）的拳击手在赛场上失利，悲痛欲绝。赛后，他双手抱头坐在拳击台的垫子上，坐了一个多小时，工作人员也没有催他离开。[11]

美国前副总统阿尔·戈尔（Al Gore）坦率地谈到了一件令他极为痛苦的事情——在 2000 年美国总统大选期间，他赢得了普选，但经过一场旷日持久的公开斗争后，在最高法院的裁决下，他被告知自己没有当选总统。我问他，这是否迫使他重塑自我，强化自己的核心原则。我还提到了丘吉尔的一句话："成功就是经历不断的失败而没有丧失最初的激情。"他笑了。他知道这句话，点了点头，停顿了一下又接着说，丘吉尔后来也承认，这种感受是真真切切的，但成功往往戴着能迷惑人的面具。[12]

我会用社会学家不喜欢的随机测试来观察四周。那天晚上，我坐在回家的火车上写这一章的内容，四周都是散落的文件，这时，过道那边的一位男性倾过身子问我在写什么。他只带了一个文件夹，看上去 30 多岁，我猜他是一位银行家。实际上，他的确是，他在瑞士联合银行工作。我告诉了他一些关于差一点成功的现象，他则告诉了我他在 13 岁输掉一场羽毛球比赛时的感觉有多么的糟糕。"我就是很伤心。"说完他就转过头去盯着那扇窗户。"我就要赢了！"他又大声说道，有点失了仪态，不过很快又恢复了平静，轻声但仍坚定地说："我是说，我本来能赢的。"此时，仿佛是一位银牌获得者的声音在我耳边回荡。

差一点成功拥有一种强大的力量，在创新团队意识到对失败的低容忍度可能会妨碍医学方面的突破后，著名医疗机构梅奥诊所和梅奥医疗公司设立了一个敏锐之鹰奖。在此之前的 18 年里，梅奥诊所在医疗领域只申请了 36 项专利。而这个表彰差点儿就成功却又被放弃了的医学突破的奖项设立了一年多后，梅奥诊所涌现出了很多新的想法，并且其中有许多是能获得专利的好点子。

差一点成功改变了我们对眼前境况的看法，把我们站在远处观望的目标拉得更近。我们往往像考虑空间距离一样考虑时间距离。如果把明天想象成美好的一天，那么它就像近在眼前一样清晰。可是，如果想象一下未来的日子，比如 50 年后的某一天，那么画面就会变得模糊不清。差一点成功改变了我们的焦点，让我们考虑如何去实现那些在视线范围之内却又遥不可及的目标。

虽然接近目标所带来的推动力并不总是能让我们取得最终的胜利，但它可以帮我们超越自我。23 岁的朱莉·莫斯（Julie Moss）的一个举动使铁人三项比赛为公众所知。1982 年，她正在加利福尼亚州圣路易斯－奥比斯波的加州州立理工大学读大四。她主修的是体育，因需要为大学的毕业论文收集数据，她参加了在夏威夷科纳举办的一项比赛。莫斯一拖再拖，直到把训练拖到最后一刻，在铁人三项比赛前的两个月才开始准备。她所有的指导都来自“《体育画报》（*Sports Illustrated*）里的一篇文章”。这和她以前做的所有事都不一样，看起来简直就像虚构的，不过，“虚构给了你自由，让你可以去想象不可能的事，并在前进的过程中不断完善它”。

在第一段 3.8 千米的游泳比赛、第二段 180 千米的自行车比赛以及最后一段 42.159 千米的长跑比赛后，莫斯在第 40 千米时占了上风。莫斯领先了 6 分钟，即便是与她最接近的对手，也落后了她 1.6 千米。在距离铁人三项比赛终点还有 800 米时，成功毫无障碍地展现在了莫斯面前那条平坦的路上。但这个时候，莫斯的腿开始抽筋，她跑步的姿势变得很怪异。在距离终点线只剩几米的时候，她的双腿完全没力气了。在最后一段路程里，她因为这种怪异的姿势摔倒在地，而这一摔几乎是致命的。

从美国广播公司《体育大世界》（*Wide World of Sports*）栏目的直升机和地面摄像机捕捉到的画面中可以看到，莫斯并不在意观众望向她的火辣的目光，也不在意这种戏剧性的画面给观众带来的冲击。她试着站起来，但控制不了自己的身体——她就像海星一样不得不在地上趴着。

当莫斯挣扎着要站起来时，画面显示，她的竞争对手凯瑟琳·麦卡特尼（Kathleen McCartney）很快就要超过她了。如果被超过，莫斯就是第二名了。“我当时想的是，‘是她，她超过我了，我只有一个想法，那就是‘我要放弃’。”后来，莫斯讲述了她当时的想法，无论是对纽约公共电台的贾德·阿布姆拉德（Jad Abumrad）、罗伯特·克鲁维奇（Robert Krulwich），还是对其他人，她都是这么说的。“突然间，有个声音对我说，”她加重了语气，“站起来，站起来……”

她说：“我想，我站不起来了，多次的尝试已经让我感到了绝望。不过，我还可以爬。我不知道这是因为有了新的竞争的动力，还是因为我的领先地位受到了威胁，但我已经走了这么远，不想让属于我的荣誉被夺走。”她躺在地上，把四肢当成三脚架一样的辅助工具，摇摇晃晃地又踏上了征程。

爬过最后 9 米的路程后，莫斯终于到了终点。她把自己逼到了身体机能失去控制的地步。“我在电视台的节目上失禁了。”她向阿布姆拉德和克鲁维奇说道。这是她强迫自己爬过终点线之后发生的事情，她爬到了夏威夷熔岩区里的一排榕树那儿。“我觉得很开心。重播的录音带展示了一个更慢也更真实的版本。”她在另一个场合这样说。莫斯拒绝了那些想帮她站起来的人，因为她不想因为外界的帮助而被取消参赛资格，她甚至拒绝了母亲给她的花环。莫斯试着站起来冲到终点线，但她不停地摔倒，再摔倒，她唯一能做的就是忍受痛苦。

美国广播公司的吉姆·麦凯（Jim McKay）表示，莫斯爬过终点线的那一刻，是“他所见过的最鼓舞人心的体育时刻”。在接下来的三年里，铁人三项比赛的参赛人数翻了一番。

经过那次磨难，莫斯说：“我的生活将会变得有所不同，我能感觉到我的生活在发生改变。我跟自己做了一个‘交易’，我不在乎随之而来的痛苦，不在乎它是否一团糟，也不在乎它看起来怎样，但我会完成它。我一定会完成它。”

莫斯爬完了最后的 9 米，只比超过她的麦卡特尼慢了 29 秒。在铁人三项比赛中，这至今依然是冠亚军之间差距最小的一次。莫斯仍然会思考假如她赢了比赛会怎样，但她同样认为，这次差一点成功带给自己的改变是不可估量的。

“这是我生命中一个非常关键的时刻，那个我之前从未听到过的声音对我说：‘前进、前进……’”

“这就是吸引我的地方，”克鲁维奇说，“它没有对你说‘你不行’，而是告诉你与此完全相反的事情。”这正好反映出当眼前的障碍像大山一样阻挡了莫斯前进的步伐时，她重新燃起勇气的事实。

“这不是很酷吗？”莫斯说。

阿布姆拉德开玩笑说：“我以为它会告诉你，‘停下来吧，快停下来躺一会儿吧’。”

前进不仅是一种运动方式，也是一种生活方式。作家丽贝卡·索尔尼（Rebecca Solnit）说：“当我们要感受自我时，就想象自己在前进。‘她行走在大地上’是描述一个人存在的方式之一，她的职业就是她的‘生活之旅’，就是一本‘行走的百科全书’。”

画家马克·布拉德福德（Mark Bradford）在谈到为自己的作品寻找素材时说：“我需要的东西不在这里，所以我要让自己去感受整个宇宙，然后到处走走，去寻找我想要的素材。”正是想要但缺少的东西，促使我们不断向前。

在贫瘠的土地上不断前行，就是要过一种萨乌达德式（saudade）的生活。萨乌达德是葡萄牙语中的一个词语，描述的是渴望的事物可能永远都不会真正到来的状态。尽管爵士乐大师温顿·马萨利斯（Wynton Marsalis）技巧精湛，也曾受到过伟人的激励，但他仍然相信：“你所能做的就是跳进海里，去游，去寻找鱼群，去寻找你想要的东西……你无法穿过海洋……在你出生前它就开始流淌了。你所能做的就是感受它，热爱它，因为如果恨它，你就会一直被困在海里，再也出不来了。”我们需要用马萨利斯所说的这种方式去感受生活。

大师与专家不同，他们把某一主题研究到了概念的终点。大师之所以是大师，是因为他们知道世上根本没有真正的大师，知道从确立目标到实现目标的道路永远都在未来。

◇◇◇◇◇◇◇◇◇◇◇◇◇◇◇

米开朗琪罗从来没有放弃过在山里寻找坚硬的白色大理石的采石场之旅，而这只是为了找到活石，即“有生命的岩石”。与山脉相连或刚开采出来的岩石是含有水分的大理石，它们仍然含有元气，能雕刻出最好的“古人模样”的雕塑。[13] 米开朗琪罗是 15 世纪的意大利唯一一位以这种方式寻找原材料的艺术家。他通常会雇一个人，他一年中也有 8 个月的时间会花在这上面，亲自去寻求他所需要的原石。[14]

在阿尔卑斯山脉的卡拉拉，米开朗琪罗眺望着大海，想象着把其中一座山雕刻成一座巨大的雕像，大到所有靠近这座山的水手都能看到。他痴迷于山上的大理石，沉迷于思考如何将在石头上看到的图像展示出来。然而，这种梦幻般的视觉令他产生了一种生产性的精神错乱——米开朗琪罗在这上面沉迷了 50 年之久。当孔迪维（Condivi）

为这位伟大的艺术家精心撰写传记时，米开朗琪罗想要把这段未竟之旅作为对他生命的记录的一部分。[15] 在这本传记中，孔迪维几次直接引用了自己与这位艺术家的对话。米开朗琪罗把这种挥之不去的想法描述为“可以说，有一种疯狂的想法袭上了我的心头。但如果可以确定自己能再活四辈子，那我就要将之付诸行动”。

艺术之于米开朗琪罗，就是“一场无止无休的竞赛”。

“大卫带着他的投石器，我带着弓。”这是米开朗琪罗对他著名的作品、旅途和工具的看法。他的成就来源于注视着前行路上的大山，将注意力集中在还有什么可做上。

戴维斯教练告诉我，在练习快结束的时候，队员听不进他的话，他的同事也觉得自己帮不到那些运动员了。直到现在，我才明白这句话的意思。他说，有些人之所以不再做教练，是因为觉得自己掌握的技术不够，找不到充足的可视化方法和训练姿势来帮助运动员解决他们所面临的阻碍。事实上，这听起来不像一种抱怨，更像一种温和的坦诚，我这才明白，戴维斯教练一直把自己置于一条渴求之路上，而且这条路永远都需要更多。

人们常常从未完成的想法中构建出新的自我，不过，这个未完成的想法只是之前的自我。作家爱德华多·加莱亚诺（Eduardo Galeano）说：“乌托邦就在眼前，而我朝它走两步，它就会后退两步……我走十步，它就退十步。乌托邦是为了什么而存在的？就是为了这个，为了让人不断地朝着它前进。”[16] 如果没有乌托邦，就不会存在创造的动力。即便人们真的创造出了乌托邦，也仍然会有不完整的部分存在。完成它是一个目标，但永远不会是终点。

尾注

[1] 马克斯·普朗克生物控制论研究所的科学家简·苏斯曼（Jan Sousman）发现，地标是唯一一种可以防止人们在无法看清道路的情况下原地打转的存在。

[2] 这里，我使用了伊塔洛·卡尔维诺（Italo Calvino）在他的逐项定义列表中对“经典”一词所下的定义，并且，我重点关注的是以下两点：经典是“一本未向读者完全展示自身的书”和“一部笼罩着批评的作品，但它又总能抖落这层薄雾”。

[3] 阿尔韦托·贾科梅蒂（Alberto Giacometti）充满同情地谈及塞尚：“这真是糟糕，一个人在一幅画上花的时间越久，就越不可能完成它。”贾科梅蒂又说：“画一幅肖像画太难了……塞尚没有完成过任何一幅。在沃拉德摆了 100 个姿势后，塞尚说的却是，衬衫的正面并没有那么糟糕。塞尚无疑是正确的，那是他画得最好的一部分。塞尚从来没有真正地完成过什么画作，他总是让自己天马行空地去画，然后再丢掉。”

[4] 从某种程度上来说，之所以会产生这种霉菌，是因为米开朗琪罗不习惯使用罗马石灰，而罗马石灰的主要成分是钙华，不会速干。艺术史学家安东尼奥·福尔切尼诺（Antonio Forcellino）说，这与米开朗琪罗在佛罗伦萨使用的从阿尔诺河的泥沙中提炼出来的材料不同。米开朗琪罗从佛罗伦萨雇了几位助手，他们把罗马的材料按佛罗伦萨的材料的比例混合，这也是造成麻烦的原因之一。建筑师朱利亚诺·达·唐尼诺（Giuliano da Sangallo）帮米开朗琪罗修正了测量结果，于是他又可以继续工作了。

[5] 卡夫卡的这封信只有布罗德看到了。

[6] 根据《纽约时报》的报道，早在 1921 年，卡夫卡就把这件事告诉了布罗德，而他去世的时间是 1924 年 6 月。

[7] 这个现象可以用邓宁-克鲁格效应来解释。康奈尔大学的社会心理学教授大卫·邓宁（David Dunning）和他当时的研究生贾斯汀·克鲁格（Justin Kruger）利用 4 项简单的自我评估研究并描述了这一悖论。他们注意到，在幽默感、语法和逻辑测试中得分最低的参与者，对自己成绩高估得最厉害；相反，得分最高的那些参与者则往往低估自己的表现。

[8] 奥运会金牌和银牌中白银的含量几乎是一样的。金牌中的白银含量是 92.5%，比银牌 95%的白银含量少 2.5%。只有第三届奥运会颁发过纯金的金牌。

[9] 英属哥伦比亚大学的杰西卡·特蕾西（Jessica Tracy）和旧金山州立大学的戴维·松本（David Matsumoto）认为，无论是在视力正常的运动员身上，还是在视力有障碍的运动员身上，这种反应都是与生俱来的。他们对此进行了研究，请求国际柔道联合会的一名官员在 2004 年奥运会和残奥会赛前和赛后用高速胶卷拍摄运动员的照片，捕捉运动员的行为反应。不过，他们并没有告诉这位官员研究的内容。在不知道比赛结果的情况下，特蕾西和松本比较了运动员的照片。他们发现，在获胜后，视力正常和视力有障碍的运动员都会做出同样的动作——举起手臂，挺起胸膛。他们对来自美国、朝鲜、阿尔及利亚和乌克兰等 30 多个国家和地区的视力正常和视力有障碍的运动员的研究表明，骄傲和羞耻是人类天生的生物学反应。

[10] 澳大利亚艺术家特蕾西·莫法特（Tracey Moffatt）放慢了比赛中失利的运动员的镜头。这些运动员在奥运会中只差几秒钟或几分钟就能获得奖牌，但这短短的时间已经足以被相机捕捉到了。她打印了 26 张不同运动员的照片，每张照片上的人都有相似的表情，它记录了运动员明白过来发生了什么事时僵硬的面部表情和受打击后的失落感。

[11] 吉洛维奇并没有试图跟踪一组对象以获取长期的数据，来评估银牌和铜牌得主因差

一点成功而沮丧的现象何时会停止。

[12] 这句话通常被认为是丘吉尔在一次演讲中说的。但当我试图准确地找到这句话的出处时，我才从迈克尔·谢尔登（Michael Shelden）那里了解到，丘吉尔从未在任何的演讲、信件甚至是谈话中提到过这句话。理查德·朗沃斯（Richard Langworth）说："都说这句话来自丘吉尔，但在他的语录中并没有发现任何与之相关的东西。有些人认为这句话是林肯总统说的，但没有一个人能拿出证据来。"

[13] 早期有关酒神巴克斯（即狄奥尼索斯）的雕塑明显暴露了选材的不完美之处，米开朗琪罗从中吸取了教训。1497 年，米开朗琪罗第一次前往卡拉拉，并在那里找到了雕刻名为《圣殇》（*Pietà*）的石像的石料。

[14] 赫斯特（Hirst）称："个人参与寻找大理石原材料的过程似乎是前所未有的，而且终其一生，米开朗琪罗都在这么做。"约翰·斯派克（John Spike）也认为，1505 年，米开朗琪罗曾在采石场寻找原材料。

[15] 赫斯特写道："1497 年秋天，并没有米开朗琪罗在卡拉拉停留的记录。事实上，这一时期米卡朗琪罗在不在卡拉拉甚至还受到了质疑。但毫无疑问，尽管没有文字记录，但正是在这一时期，米开朗琪罗找到了他所需要的大理石，并且在离开佛罗伦萨前为开采大理石事宜做出了一些安排。"

[16] 安伯托·艾柯（Umberto Eco）的散文集《树敌》（*Inventing the Enemy*）中有一篇绝妙的文章，讲述了乌托邦转瞬即逝、无人可知的现象，"为什么从来没有人见过它"。他把乌托邦描述为"像埃德温·艾勃特（Edwin Abbott）的《平面国》（*Flatland*）中的角色那样，在只有一个维度的地方，人们只能看到正面的东西，就像扁平的线条，没有高度也没有深度，只有不属于这里的人才能看到"。

空白

在想法与作品的裂缝中，与自己竞争

WE MAKE
DISCOVERIES,
BREAKTHROUGHS,
AND INVENTIONS
IN PART BECAUSE
WE ARE FREE TO
TAKE RISKS,
AND
FAIL IF NECESSARY.

之所以会有发现、突破和发明，
是因为我们有充分的自由
去冒险和承担失败的结果。

创造力是允许你犯错，艺术则是告诉你应该坚持哪个。

——史考特·亚当斯（Scott Adams）

晚上的节目开始时，林肯中心的灯光变暗了，我卷起手中的节目单，禁不住想：坐在我左边的女人和坐在我右边的女孩，知道编舞家保罗·泰勒（Paul Taylor）的舞蹈团第一次在这个著名的演出大厅表演时发生了什么吗？

一定是善良的本性使然，泰勒才没有把 1957 年那场演出称为一场彻头彻尾的灾难，也没有因它后来成为一种优势而自认聪明。在位于第 92 大道希伯来青年会的考夫曼中心，泰勒推出了他的《七支新舞蹈》(*7 New Dances*)。我采访过编舞家比尔·T. 琼斯（Bill T. Jones)，他是少数几个知道这件事的人之一。他告诉我，人们认为这是一个丑闻。除了舞蹈领域的人，很少有人记得它。但话说回来，为什么会这样呢？

如今已 80 多岁的泰勒被誉为当今世界上还在世的最伟大的编舞家。他编过 130 多支舞，是美国现代舞的核心人物，并且对现代舞具有十分深远的影响。皮娜·鲍什（Pina Bausch）、特怀拉·萨普（Twyla Tharp）、戴维·帕森斯（David Parsons）及其他的一些舞蹈家，都是在保罗·泰勒的舞蹈团中获得一席之地后，才以自己的名义创立了舞蹈团。如今阿尔文·艾利（Alvin Ailey）舞蹈团的艺术总监罗伯特·巴特尔（Robert Battle），也曾被泰勒的舞蹈团相中，当时他还在茱莉亚学院读大三。艾利十分敬佩泰勒，还在舞蹈《溪流》（*Streams*）的一部分中致敬了泰勒。泰勒曾被玛莎·葛兰姆（Martha Graham）称为舞蹈中的“淘气男孩”，但正如泰勒在自传《私人领地》（*Private Domain*）中回忆的那样，在被法国政府授予爵位后，他的绰号变成了“保罗爵士”，在获得无数荣誉学位后变成了“泰勒大师”，在得到麦克阿瑟天才奖后又变成了“聪明先生”。[1]

泰勒曾在一次获奖发言中说：“热水都是由冷水加热得来的。”这是他的朋友，画家罗伯特·劳申贝格（Robert Rauschenberg）告诉他的，他们感受到了生活的极端值，感受到了极冷、极热或极好、极坏有多么接近。在成为传奇人物之前，这两个男人都曾身无分文，但又都过着乐观的生活。他们在哥伦布圆环附近的马厩画廊的地下室偶遇，并因为劳申贝格所画的一幅向日常生活致敬的画从墙上掉下来而开始交谈。或许，这就预示了 1957 年 10 月的那个晚上发生的事。多年来，泰勒攒下了足够的钱，可备不时之需。为了向日常生活致敬，泰勒放弃了他所谓的“表演式舞蹈”。这种选择虽然不是十全十美的，但他确信这是人们前所未见的。

泰勒想把人们平常的动作、姿势与舞蹈结合起来，但在当时，很多人认为舞蹈并不是如泰勒所想的那样。他把人们在街上“做平时所做的事情”时的动作和姿势进行了清楚的归类：等待、追公共汽车、放慢脚步、坐上车或者只是在附近转悠。普通人的“动”和“静”是他“寻找的对象”。他把这些动作按照肢体的活动部位分成 5 大类，然后开始编排新的舞蹈动作。

《七支新舞蹈》首演的前几天，泰勒开始质疑这支舞蹈的极简主义风格能否吸引观众。这支舞蹈的舞蹈动作毫不费力，所以即使经过了 8 个月的排练，肌肉的记忆能力仍然不起作用。伴奏也是杂乱无章的，练习起来就像“背诵电话簿里的一页数字”那么枯燥。对其他人来说，他们可能会更在意观众的反应，但对泰勒来说，他只想表演自己会陶醉其中的舞蹈。“不然，跳舞的意义又是什么呢？”[2]

关于 1957 年那个晚上的事情，或许有一些预兆。当泰勒想起他在《七支新舞蹈》之前编的舞时，有些疑惑一直萦绕在他的脑海，比如：“一定在什么地方存在着某种结构，但究竟是在哪儿呢？如果真的存在某种结构，那它是什么？舞蹈的初衷又是什么？”[3] 而在这支新作品里，他或许会找到答案。

这支舞蹈作品的第一幕叫作“史诗”，表演时间只有 20 分钟。泰勒穿着一套日常的商务套装（劳申贝格的风格），一动不动地站着，每 10 秒钟换一个姿势。而每到换姿势之前，都会有一个带着鼻音的女声说“保持这个姿势时的时间是”，之后再说出正确的时间。

泰勒还记得，他仅仅表演了 5 分钟，观众便都“礼貌而坚定地”离开了观众席。起初，他以为是特定时间标记的重复让观众想起了一些遗忘了的事。直到看到观众“一群一群地往出口移动”，他才明白过来。那就像一场大洪水，把一半以上的观众都冲走了。他感到自己的心在往下沉，脖子也因为“紧张”而不停地抽搐着。[4]

第二幕被泰勒诡异地命名为“事件一”。这一幕上演时没有发生任何意外情况，但在第三幕“雷同”上演时，泰勒和“公爵夫人”的表演出了岔子。

公爵夫人是一只从动物天才组织（Animal Talent Scouts）那里租借来的狗狗，因为它在彩排时挨了一针镇静剂，所以演出时仍处于懵懂的状态。当钢琴师戴维·图德（David Tudor）演奏约翰·凯奇（John Cage）的作品时，他敲击着钢琴盖，偶尔还敲一下琴键，于是它被吓到了。在排练的过程中，公爵夫人，也是“我们之中唯一一位有薪酬”的演员，总是用和观众一样的速度跑到剧院的地下室。而在现场演出时，它镇静地半站在垫子上，小心翼翼地注视着钢琴。表演进行到一半，它的眼神变得呆滞，耳朵向后竖着，开始向舞台下面爬。站在窗帘后的驯兽师威胁它回到垫子上，于是它先是跑回来，然后后退，尾巴夹着，又想溜出去。

劳申贝格曾经对表演中应该用什么动物提过建议，美洲驼是他最中意的，但无奈这太贵了，于是泰勒选择了狗。而在演出时，留在台下的观众似乎都盯着那只狗。泰勒发誓，再也不采纳劳申贝格的任何建议了——“只要是活的，甚至是只喂饱了的、戴着头饰的安哥拉山羊都行”。

再下一幕是“全景”。泰勒让观众面朝镜子而坐，这使观众席空位的数量好像翻了一倍。泰勒想用这种反射提醒观众，舞蹈演员的舞蹈动作其实是在模仿观众的动作。但是，由于观众席只剩下了几个人，镜子使这个空荡荡的表演大厅显得更加空旷了。

紧随其后的是“二重唱”。幕布升起来。一位舞者穿着晚礼服，一只手提着裙摆，泰勒穿着西装，站在她旁边。根据舞台指示，他们要用“一种令人兴奋的方式保持冷静”，静止不动 4 分钟。他们照做了。钢琴师演奏了凯奇著名的《4 分 33 秒》沉默曲——只是坐在钢琴旁，不用弹奏一个音符。表演结束了，泰勒松了一口气，说：“这次一切都很顺利。”

最后一幕是“机会”。此时，还留在台下的几名观众几乎都是这位舞蹈演员的朋友。当然，音乐厅的经理也留了下来，他在这里等着泰勒，准备告诉泰勒自己再也不会把剧院租出去了。

舞蹈评论家路易斯·霍斯特（Louis Horst）找不到合适的词来描述《七支新舞蹈》，于是他只写下了文章的标题、演出地点和时间，然后签上了自己名字的首字母——L. H.（见图 3-1）。这是从来没发生过的情况。霍斯特是《舞蹈观察家》（*Dance Observer*）的创始人、编辑和首席评论家。为了这支舞蹈，他在杂志上预先留下了大约 26 平方厘米大小的版面，但如果泰勒不“跳舞”，那他就没得写了。

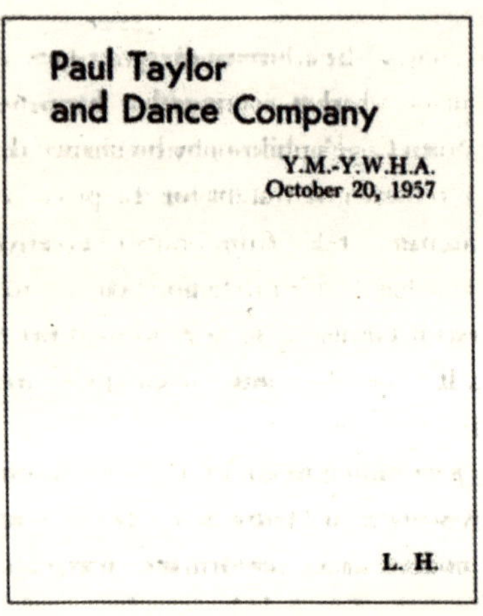

Paul Taylor
and Dance Company

Y.M.-Y.W.H.A.
October 20, 1957

L. H.

图 3-1　路易斯 · 霍斯特的《对保罗 · 泰勒及其舞团的评论》

这种指责就像极简主义风格表演一样，具有开创性和奇特性。而霍斯特的漠不关心和不屑一顾尤为明显，因为很少有人会报道舞蹈表演。在这个领域，霍斯特是先驱，他的杂志是“现代舞之声”。20 世纪 30 年代，霍斯特曾为玛莎 · 葛兰姆作过曲，又在 1934 年创立了《舞蹈观察家》，致力于传播该领域的新兴美学思想。当时，《舞蹈观察家》是为数不多的完全专注于舞蹈的刊物之一。

霍斯特并不是孤军奋战。泰勒说，《纽约先驱论坛报》（*New York Herald Tribune*）的舞蹈评论家沃尔特 · 特里（Walter Terry）是“一个不错的家伙，即使把所有事都交给他也很让人放心”。不过，他只会为了这支极简主义舞蹈中的 5 幕而停驻目光。对于泰勒的努力，特里评论说，泰勒是“下定决心了，要给观众一次全新的体验”。特里期待更多类似的新的萌芽能出现在这个世界上。

泰勒曾经在摩斯·肯宁汉（Merce Cunningham）的舞蹈团里跳过舞，但他厌倦了那种工厂流水线般的表演模式。肯宁汉受到了凯奇有关机遇的哲学思想的影响，即认为机遇决定了谁会在一个特定的夜晚跳起舞来。如此一来，泰勒就很少有跳舞的机会了。泰勒还曾经和葛兰姆一起跳过舞。1954 年，泰勒成立了自己的舞蹈团，并且直到今天，这个舞蹈团仍以“保罗·泰勒舞蹈团”的名义存在着。

为了积累舞蹈经验，泰勒曾经在亨利街社会服务所舞蹈协会的季度活动上跳舞。那时，想要进行现代舞表演，只能通过从廉价商店买的东西和他人的捐款来准备演出服；只要是能偷偷溜进去的地方，就是他们的排练场地；而那些没有任何报纸会关注的舞蹈表演，“实际上是秘密进行的”。所以，在考夫曼中心的演出的意义才显得更加重大。

当看到霍斯特的评论时，泰勒承认：“我的第一反应是愤怒。”“路易斯的评论所占的位置甚至不是一块很大的空白，”他说，“但人们确实把我们优美的舞姿看成了梦魇。”在别人眼中，泰勒所认为的差一点成功就是一次不折不扣的失败。

泰勒并不是唯一一个有这种挫败感的人。“我当然喜欢它，我不觉得无聊。”在看了《七支新舞蹈》后，舞者艾琳·帕斯洛夫（Aileen Passloff）这么对我说。“我没有觉得烦躁，相反，我觉得这是一支充满生机的舞蹈。哦，这简直太美了，它改变了我们对时间和静止的看法，深深地烙在了我的心中。”她左手抓着心口，右腿朝前倾，充满了热情，甚至差点儿从椅子上跌下来。“你知道的，”她停顿了一下，想了一会儿，说，“只要舞蹈不像自由的嬉戏一样，人们就会紧张起来。”

泰勒收到空白评论的消息传开了。一年后，他来到意大利一个名为翁布里亚的小镇，参加一个为期一个月的舞会。彩排的那天晚上，所有人都在玫力苏剧院（Caio Melisso）待到了很晚。皮娜·鲍什舞蹈服的袖子穿不上，乐手们去了咖啡馆，泰勒在最后时刻增加了新的舞蹈动作。剧院的创始人吉安·C. 梅诺蒂（Gian Carlo Menotti）告诉他们，那些挑剔的评论家都等得不耐烦了。什么评论家？泰勒压根儿不知道意大利还有评论彩排的习俗。于是，在百忙之中，泰勒把大家集合起来，找到乐手，为舞蹈团的演出做准备。当幕布拉起，泰勒走上舞台，却没有音乐声响起，因为乐手还没有到位，于是他又不得不示意拉下幕布。评论家纷纷离席，朝出口走去，因为他们以为自己已经看过了泰勒又一支极简主义风格的作品。为了让他们不错过泰勒真正的舞蹈表演，引座员只得守住出口，直到舞蹈团重新做好准备。

像捕蝇纸上的苍蝇一样，泰勒被那个一片空白的评论粘住了，而且那个评论就粘在泰勒的心口。直到近 50 年后，这位已经 80 多岁的编舞家仍然说："我从来没有忘记过它。"

如何填补想法与作品之间的裂缝

到处都是批评、评论和评论。艺术家必然要感受到来自某个方面的尖锐攻击的刺痛。1966 年，《伦敦标准晚报》（*London Evening Standard*）在对某一作品的评论中写道："昨天晚上，三个女孩儿在艾伯特大厅演出，其中一个叫特怀拉·萨普，她被迫今天晚上也得去。"一些优秀的舞者在刚登台表演时，台下坐着的观众就像泰勒那次演出结束后留下的观众一样少得可怜。

如果说艺术是一种"交换"，是将艺术家内心的想法表达出来并传递给外部世界，那么根据批评的观点，这种交换不仅被世界谴责了，还被整个世界拒绝了。不过，这些把艺术家批得体无完肤的评论，也因其带刺的语言而给予了对方一份礼物。

《七支新舞蹈》的问题出在哪儿？问题不可能出在泰勒为演出所做的奉献上。为了能攒钱租下考夫曼中心，泰勒住在一间没有浴室、没有水、没有暖气、屋顶还开着大洞的公寓里。他用塑料盖住这个大洞，权当是一个天窗。冬天，他完全不需要冰箱，因为整个房间散发着和冰箱一样的寒意。他用铅笔写字，因为天太冷了，墨水会被冻住。他不怎么用煤气炉，甚至还担心邻居家成堆的垃圾和猫尿散发出的气味会引起爆炸。他有家具吗？如果那也算得上家具的话，那就是有，因为那不过是他在街上捡来的一些东西。他常常开玩笑说："是物体就会有麻烦。"生活渐渐变得捉襟见肘了，于是他不得不从超市偷生活必需品、罐装狗粮，还有"为了维持尊严"而必需的鱼子酱。虽然这是不道德的，但他被逼得没有办法了。晚上，他可以看着桌上的一只老鼠却小气地不给它一点面包屑，并为此而自嘲一番。实际上，即便是早些时候，他也一样一贫如洗。

冬天，在那间冰冷的公寓里，他和多尼娅·福伊尔（Donya Feuer）、托比·阿穆尔（Toby Armour）、辛西娅·斯通（Cynthia Stone）三位舞蹈演员一起，戴着帽子、穿着外套排练了整整8个月。当时，泰勒还做着一份工资少得可怜的工作，下班到家时已经很晚了，但他们还得排练，因为很难找到一段大家都不上班的时间进行集中排练。那段时间，泰勒做了多份工作，所以只要是能按照时间表排练，就已经很了不起了。高中毕业后，泰勒曾经在雪城大学（Syracuse University）获得过游泳奖学金，不过，这是他退学跟肯宁汉和葛兰姆一起跳舞之前的事了。尽管那时的生活很清苦，但他还是挺满意的，因为有足够的空间来排练自己的舞蹈。

问题也不可能出在泰勒的天赋上。在跳了《七支新舞蹈》的一年后，泰勒就因为在葛兰姆的代表作《克吕泰涅斯特拉》（*Clytemnestra*）中扮演的一个小角色而备受赞赏，并且出了名。纽约市芭蕾舞团的联合创始人兼导演林肯·柯尔斯坦（Lincoln Kirstein）邀请泰勒与乔治·巴兰钦（George Balanchine）的舞蹈团一起表演一种新的芭蕾舞剧，不过，巴兰钦是现代舞的坚决反对者，尤其是反对柯尔斯坦所描述的泰勒那个“古怪的舞蹈天才”的现代舞。柯尔斯坦并没有借此机会夸大事实，他是这样邀请泰勒的：“怪胎，你这个大笨蛋，你又有机会了。”

如果说 1957 年出了什么事的话，那就是在人们眼中，一种常见的艺术状态被认为是一种失败。泰勒一直在努力消除达·芬奇所描述的、艺术家都知道的那种裂缝，也就是“当想法先于作品出现时”的裂缝。[5]

出现在作品和想法之间的裂缝，会成为艺术实践的推动力。艺术家陈貌仁（Mel Chin）说，正是由于这种裂缝的存在，多年前的一个晚上，当大家都在第五大道附近的托尼中城画廊（Tony Midtown Gallery）为他举行庆功宴时，他偷偷地溜了出去，只为拿回一幅画作，以便能继续完善。也正是在这种裂缝中，当奥古斯特·威尔森（August Wilson）无法在诗歌中找到合适的形式来表达他的想法时，在戏剧中偶遇了与他的想法相匹配的形式。也正是在这种裂缝中，诗人埃兹拉·庞德（Ezra Pound）把写得糟糕的小说扔进了火堆，因为他意识到自己正在“把小说缩减到诗歌的规模”，并且转而在诗歌领域如鱼得水。

在担任《小评论》（*The Little Review*）的外国编辑时，庞德曾收到诗人哈特·克莱恩（Hart Crane）的投稿，他毫不留情地向克莱恩讲述了自己之前的那种状态。这儿“全是鸡蛋”，庞德说，“也许还有更好的鸡蛋，你却没有一只母鸡或者一个孵化器”。当时 18 岁左右的克莱恩正处于这种裂缝之中，他所拥有的一切仍是原始的，还没有凝结成形。克莱恩的第一本诗集中有一幅庞德的画像，一则宣传《人物》（*Personae*）一书的广告，而这种巧合正好揭示了那封退稿信中的意思。直到离世，克莱恩都保存着庞德的退稿信，正如研究克莱恩的学者兰登·哈默（Langdon Hammer）所说的，“这就像一种文凭，从某种程度上来说，他也是现代诗人中的一员”，因为这是庞德写给处于裂缝中的克莱恩的信。[6]

试图在作品和想法之间架起一座桥梁，就像听歌只听音符而不听完整的曲子一样。就像烙印在脑海中的音乐一样，我们听到的歌曲片段在脑海中一遍又一遍地重复，未完成的情节也常常一次又一次地出现在脑海中，直到找到完成它的方法。这有点像齐加尼克效应（Zeigarnik Effect）[①]，我们体验到重复播放的音符，然后试图利用它拼凑出完整的旋律。这种现象是布卢玛·齐加尼克（Bluma Zeigarnik）和库尔特·卢因（Kurt Lewin）研究出来的，即并不像人们一直认为的那样，大脑在不停地“唠叨”，直到我们把事情完成为止。思考不完整的一小段歌曲或逾期未完成的任务，是无意识向意识不断提出的一个问题：你能“制订一个计划”来完善它吗？“显然，无意识无法独立做到这一点，因此它需要刺激有意识的大脑来制订一个具体的计划，比如在什么时间、地点和时机。一旦有了计划，无意识就会停止提醒有意识的大脑。”

① 指人们对尚未处理完的事情，比对已处理完的事情印象更深刻。——编者注

人们能感受到齐加尼克效应，只是很少用到这个词。不断扩张、伸展以跨越想法和专业之间的鸿沟是一个内在的、无形的过程，就像西班牙画家胡安·米罗（Joan Miró）曾提到的那句加泰罗尼亚谚语一样——艺术是一场只在内心深处进行的游行。

在这种裂缝中，艺术家要与自己竞争。就像海明威，他曾试着让自己“比某些已离世的作家写得更好”，直到最后才意识到，他的主要任务是超越自己。就像才华横溢的画家珍妮弗·帕克（Jennifer Packer）的经历一样，帕克曾就读于耶鲁大学艺术学院，她反对过西班牙浪漫主义画家戈雅（Goya），但现在正努力把自己的每一幅作品都做到最好，并把那些获奖作品挂在工作室的墙上。

想要缓和这种裂缝，就要面对批评。它描绘了艺术家冒险后可能会出现的谜题。

艺术家必须学会保护自己免受批评，同时还必须学会分辨什么时候该忽略批评，什么时候该接受批评，并考虑哪些受到批评的地方需要改进。

永远都要坚持内心的声音

泰勒知道如何以及何时忽略批评。正如他所言，在被批评后，他觉得只要不理会，那些阻碍就都是可以解决的。如果不冲破阻碍，它们就会充斥他的生活。

1954 年，泰勒与劳申贝格第一次合作后，进行了泰勒的首次公开演出——《杰克和豆茎》(*Jack and the Beanstalk*)。在这场演出中，泰勒达成了自己的目标。观众“只是坐在那里，没有嘘声，也没有掌声，什么都没有”。演出结束后，这两个男人去了剧院后面的小巷。当松开劳申贝格用来布置舞台的气球的绳子时，他们谈论着舞蹈有多么美妙，美丽转瞬即逝。劳申贝格十分赞同，毕竟，这位画家以自己的方式接受了变化无常，清除了前年收到的威廉·德·库宁（Willem de Kooning）的名画在他脑海中留下的条条框框。泰勒认为，“重点是将以前的画或舞蹈从记忆中清除，然后再进行下一个”。

艺术家的抵抗和对批评的无视并不等同于固执，这是一种正常的行为。在一片抱怨声中坚持内心的想法是疯狂的，尤其是当缺少机遇时，这样做会让他们更不受欢迎。尽管《七支新舞蹈》受到了很多批评，但在乔治·巴兰钦邀请泰勒加入他的舞蹈团后，泰勒还是有了很多将自己的舞蹈与其他形式的舞蹈融合的机会，比如芭蕾舞。泰勒说，“令人吃惊”的荣誉意味着拥有广泛的知名度，但“我必须继续朝着自己的方向前进”。“现代舞就是我要做的事……来吧，无论是什么，都来得更猛烈些吧！”

正如俗话所说的，如果要指挥管弦乐队，你就得知道如何背对观众。

无论泰勒的舞蹈动作多有动感，都仍然以行人的动作为主。他最好的作品中就用到了这些动作。《纽约时报》的舞蹈评论家阿拉斯泰尔·麦考利（Alastair Macaulay）说：“毫无疑问，这些舞者都是艺术大师，但在泰勒的许多优秀作品中，基本的动作元素出现的频率如此之高，比如走、跑、跌倒、倾斜、跪……”在1982年上演的《迷失、寻找又迷失》（*Lost, Found and Lost*）中，泰勒展现了《七支新舞蹈》中的“史诗”和“事件一”的风格：舞蹈演员排成一排，翘起臀部，懒洋洋地走下舞台，在曼托瓦尼·穆扎克（Mantovani Muzak）的伴奏下，烦躁和沮丧的心情通过那冗长的队伍完全表现了出来。这支舞蹈展现了泰勒在 1957 年就想表现的日常行为动作。

想要像泰勒那样无视批评，需要将他人驱逐出自己的内心世界。有些创作过程需要“不受干扰的发展”，诗人赖纳·马利亚·里尔克（Rainer Maria Rilke）称其为“黑暗”和“不可言说”的地方。在与年轻诗人弗朗茨·卡普斯（Franz Kappus）谈论找到使创造免受批评的方法的重要性时，里尔克强调，“感受的每一个胚胎”都应得益于这个封闭的空间。

我在耶鲁大学艺术学院的艺术家工作室中看到了这一点。已完成的画作和有些稍有欠缺的画作被放在外面，可以让参观者讨论一番，其他的则被藏在画堆里。我竭力控制自己不去看那些被藏起来的作品，并由此想到了 1904 年在雕塑家罗丹的工作室里发生的一件事。罗丹同意弗吉尼亚·伍尔芙及其朋友去看他的作品，但不能看被盖起来的作品。伍尔芙调皮地想要看看被盖起来的雕塑，而罗丹拍掉了她试图掀开亚麻布的手。[7]

把画放起来和把雕塑盖起来往往是艺术家回避过早的批评的一种方法。他们有理由为自己的作品创造一个避风港，并且在很多时候，这是为了保护创新的萌芽。毕竟，创新的点子往往是违反直觉的，甚至乍一看像是一种失败。

从某种程度上说，之所以会有发现、突破和发明，是因为我们有充分的自由去冒险和承担失败的结果。而私人空间往往是可以让人从尝试和失败中受益的地方。

私人空间是由时间流逝或时间创造的，可以持续很多年。著名女高音歌唱家勒妮·弗莱明（Renée Fleming）回忆说，她花了10年的时间才能在众人面前唱歌，然后又花了5年的时间才能坚持唱下去。她说：“直到30多岁，我才能走上舞台，在公众面前展示我在练习室里做的事。”

哲学家、小说家安伯托·艾柯在“生活中的空白空间”里生活，在任何地方都能给自己创造一个避风港。他可以随心所欲地脱离周围的环境，专注于一个正在解决的问题，哪怕只有几分钟的时间，哪怕只是在杂货店排队结账的那点儿时间，他也能这样做。艾柯说：“如果你来我家，那么，我等你乘电梯上来的时间就是一个空白的空间，而我就在空白空间里工作。在电梯从一楼升到三楼的时间里，我已经能写完一篇文章了！”我们的生命中有很多空白空间，就像宇宙中存在很多空白空间一样。“如果消除宇宙中的空白空间，消除所有原子中的空白空间，将会发生什么呢？整个宇宙将会变得和我的拳头一样大。”

电影导演蒂姆·伯顿（Tim Burton）说，空白空间对塑造奇幻角色来说非常重要，他每天都会留出时间，“就坐着，什么也不做，只是盯着天空发呆、放飞想象力。这段时间对我来说非常宝贵，有时候，那些奇幻的角色就会在这种安静的时候出现在我的脑海里”。

在爵士乐的即兴表演中，不需要避风港、房间或背景来保护其免受批评，一切都是自然而然地发生的。在这种状态下演奏，大脑会产生自我判断障碍。这就是艾伦·布朗（Allen Braun）和查尔斯·利姆（Charles Limb）在研究爵士音乐家即兴创作时的思维时发现的。查尔斯·利姆是约翰·霍普金斯医院的颈部外科医生，也是一位萨克斯演奏家，他的办公室里有一个录音棚。

布朗和利姆设计了一个尽可能还原真实场景的实验：邀请了几位音乐家到美国国家卫生研究院，让他们记住一段音乐，并在连接功能性磁共振成像扫描仪的同时，即兴演奏相同的音乐。研究发现，在即兴演奏中，音乐家大脑中参与自我表达的区域被激活了，控制自我判断的部分则被抑制了，从而释放出创作的冲动。神经科学家将这种大脑允许失败且无须自我谴责的放纵状态称为大脑额叶的分离，其他人则将这看作爵士音乐即兴创作的基本特征——不是否定它，而是接受随之而来的一切，无论是缺点、失误还是精美、愉悦，统统都接纳。

温顿·马萨利斯说，演奏爵士乐“就像对话，演奏时，你无法评价自己的表现，因为那是即兴演奏”。

最接近这种状态的是充满幻想的快速眼动睡眠阶段[①]，因为忽视判断无异于处在“醒着的梦中”。抑制自我审视、无视外界判断是爵士音乐家自信的来源，所以人们都说爵士音乐家很酷。我记得在身为画家、爵士音乐演奏家和蓝调音乐演奏家的外祖父身上见过这样的情况。即便到了 80 多岁时，也几乎没有什么能激怒外祖父的。无论是在生病还是在忍受痛苦，他都不会表现出什么不对劲儿的地方。对世界各地的蓝调音乐演奏家的子女而言，他们眼中的父亲的形象与我眼中外祖父的形象如出一辙。马萨利斯说：“我父亲身边那些常常随着音乐扭动身体的爵士乐手都很自信，也不介意有人知道他们以前是做什么的。”他接着说：“爵士乐引导你进入自己内心深处，并将自己‘表达出来’。”每个乐手都有能力表达自己内心独特的声音，用这种个人语言交流，传达他们对世界的感知。他们学着去接受接下来会发生的一切，并在节拍中使它们保持平衡。

避风港有时是对作品的保护，甚至是保护其免受过度的自我审查的影响。在《巴黎评论》(*Paris Review*）的一次采访中，奥古斯特·威尔森回忆道，有一位女服务员注意到他常去那家餐厅，并常在餐巾纸上写字，于是问：“你在餐巾纸上写字是因为它可以不作数吗？”这位剧作家说：“我从来没有想过在餐巾纸上写字可以让我感

① 在这个阶段，大脑神经元的活动与清醒的时候相同。——译者注

到更自由，如果拿出平板电脑，我会觉得‘现在我在写作’，会意识到我是一个作家。那位女服务员意识到了这两者之间的差距，而我没有。这可能就是为什么我喜欢在餐巾纸上写东西。而回到家后，我会把在酒吧和餐馆的餐巾纸上写的东西拿出来，在电脑上写下来或者重写。”餐巾纸变成了一个思想的孵化器，一个安全的避风港，一种让傲慢的自我批判者在将自我批评说出口前保持沉默的方式。

有些艺术家会强迫自己进入一种极端的物理隔离状态，试图以此消除批评的影响，还有些艺术家会通过犯错来压制自我批评。布鲁克林的艺术家沙恩·A. 塞尔泽（Shane Aslan Selzer）创作了被她称为“一次成型”的雕塑作品。她没有让自己回头去审视它，而是坚持不懈地进行着与埃尔斯沃思·凯利（Ellsworth Kelly）一样的连续创作。在这个作品中，没有间断的痕迹，也没有内在的批判可以迫使她的双手停下来。不过，知道什么时候该忽略批评并不是一件容易的事。

如今，我们越来越容易受他人故事的影响，所以，回避并寻找自我比以往任何时候都显得重要。然而，无论是自我批评还是外界批评，只要是在一项作品尚未完成时做出的，就都是自身心灵和周遭环境健康的一部分。分析心理学家克拉丽莎·P. 埃斯蒂斯（Clarissa Pinkola Estés）表示，在没有过度发展时，自我批评是能发挥一定作用的。她曾这样说：

当人们提出以下这类问题，比如：什么做法才是最好的？或者，这和那个有什么关系？又或者，我认为这儿的开头就错了，还是重新开始比较好……自我批评就是有用的。

即使即兴演奏让爵士音乐家对自己足够宽容且不谴责自己的失误，但这也足以让他们反思，让他们知道自己什么时候出了错。或许实验室里的研究无法完全解释这一现象，但生活可以。

从古至今，艺术创作都是在私人空间进行的，但创作也需要某种形式的反馈。如果隔离批评太久，你就会完全扭曲自己的认知。于我而言，有一位艺术家极具警示性，他就是雅各布·达·蓬托尔莫（Jacopo da Pontormo）。1545 年，科西莫·德·美第奇公爵（Duke Cosimo I de’Medici）请蓬托尔莫在佛罗伦萨的圣洛伦佐大教堂的礼拜堂和唱诗班绘制壁画。蓬托尔莫一直在为这一任务而努力，绘制《圣经》中描绘的大洪水过后的场景，并且禁止任何人观看。就像《不为人知的杰作》中的主人公霍夫独自用 10 年的时间画了一幅肖像画一样，蓬托尔莫也在这幅有各种围栏和覆盖物的壁画上花了 11 年的时间。直到他离世，这幅画也没有完成。

意大利文艺复兴时期的画家、作家、艺术家和传记作家乔尔乔·瓦萨里（Giorgio Vasari）说，蓬托尔莫的画是一种形式的扭曲，画得如此混乱，乱七八糟的。瓦萨里说，如果他和蓬托尔莫一起工作 11 年，“这能把我逼疯”。蓬托尔莫长期与世隔绝，把自己禁锢在作品中，就像一只长时间被关在笼子里的鸟。最终，他把自己的羽毛都拔光了。

为自己保留想象的空间

我去林肯中心欣赏泰勒舞蹈团演出的前几天，门票只售 3.5 美元。1962 年，这是《光环》(*Aureole*) 的最高票价。40 年后，人们不会再专程买一趟往返的地铁票去林肯中心看他的作品，去欣赏这支让舞蹈团走向世界的作品了。《光环》创造了历史，标志着泰勒在这一领域具有了开创性的地位，也是他在 1974 年退出舞台前表演的最后一支舞。在《光环》中，泰勒知道了该倾听什么，该无视什么。这支作品就是他用来表达自己艺术眼光的一个渠道。思想家爱默生曾说道："在每一部天才的作品中，我们都能发现自己被抛弃的思想——它们带着某种疏远的威严又回到了我们身边。"观众在这部作品中感受到了泰勒的想法。对于这些想法，有些人非常排斥，但泰勒一直是认定了的。

这支舞蹈演出的时候，没有再出现 1957 年的那种骤然的停顿和漫长的寂静。但相同的是，他依然用到了 1957 年那场演出中用到的行人的肢体语言，比如跪、走、跑、伸展的姿势、夸张的摆动手臂和向前冲。只不过，他找到了一种更合适、更流畅的方法来表现它们。泰勒选择了亨德尔（Handel)《大协奏曲》(*Concerti Grossi*）中的乐章做伴奏，这与他在 1957 年那支作品中选用的心跳、风、雨和寂静的伴奏等日常生活的声音是一样的，都是对现代舞的一种另类的赞美。可以说，《光环》是泰勒抒发情绪的精髓。

《光环》首演时，除了肯宁汉和若泽·利蒙（José Limón）的赞美，观众席上一片沉默。"我这么做不是为了取悦观众。"1962 年，当人们为这支作品鼓掌叫好时，泰勒觉得他们开始承认裂缝的存在，开始认识到那些自己永远看不到的东西，开始理解编舞家为创造不那么受欢迎，甚至是平淡的舞蹈而付出的艰辛和努力了。他说：

> 相对来说，这支舞的创作是容易的。无论是大型还是小型的作品，以前的舞蹈都把目标拖得离我更远了。与那些我不得不去挖掘、挣扎、甘愿为之奔波的作品相比，《光环》只是小儿科，那些作品有更精湛的技巧，但不怎么受欢迎。

泰勒所需要的是霍斯特所说的“种子步骤”，即节拍动作随顺序、速度和方向的变化而重复。在泰勒去茱莉亚学院之前，霍斯特曾在康涅狄格学院夏季的美国舞蹈节上教泰勒作曲。尽管两人作品的风格完全不同，但泰勒很欣赏霍斯特对自己作品的开放性态度——早在《七支新舞蹈》之前，霍斯特就在《舞蹈观察家》上评论过泰勒早期的作品，不过，鉴于霍斯特的严厉，那根本算不上赞美。他严厉到什么地步？在美国舞蹈节上，霍斯特的学生称他为“食人魔”，所有人也都知道他对学生要求很严格。舞蹈评论家约翰·马丁（John Martin）认为，正是因为霍斯特的严厉，玛莎·葛兰姆才证明了自己的实力：“霍斯特在葛兰姆身边时，不让她即兴发挥……她会改变舞蹈编排……舞蹈效果会减弱。”泰勒认为，“种子步骤”会给他带来一种更“活跃”的方式去表达他的想法。

毫不奇怪，泰勒扭曲了霍斯特的原则。在他那里，这些规则“莫名其妙地变得面目全非了”。正如哈罗德·布鲁姆（Harold Bloom）所说的，泰勒对霍斯特的刻意曲解是为了“给自己清理出想象的空间”，许多艺术家会用到这种方法。布鲁姆在其经典著作《影响的焦虑》(*The Anxiety of Influence*）中，提出了对这种误读的看法，即年轻人往往会将大师的作品转换成一种新的形式，以适应自己当前的情况。刻意的误解也可能会产生一种全新的方法，当然，这种方法可能根本不会被用到。坚持自我的最佳方法，就是从反对自己的人身上吸取经验。

“绝路”会带来突破性进展

接受批评可以让人从压力中受益，暂时的与世隔绝则是一种保护。泰勒在巴黎艺术剧院开始了《光环》的演出，这是一次总计 19 场的演出，他有了自由出入舞台的机会。他从观众的视角想象整个演出的场面，注意到了距离和舞台灯光对舞蹈演员的动作甚至是面部表情的影响，这是他之前从未注意到的。不过，当在纽约的灯光下看到表演时，他又放弃了这一想法。

《光环》由 5 幕组成，在为美国舞蹈节首演彩排的前几天，它还没有一个结局。泰勒想完善它，把它想象成一首独奏——主要靠左腿完成，大部分是慢舞，这是他改变当代舞蹈的方式之一。但是，泰勒的朋友和支持者，也是诗人和颇具影响力的舞蹈评论家的埃德温·登比（Edwin Denby）看过彩排后建议，应该给这支舞一个结尾。这个建议改变了泰勒的想法。时间已所剩不多，而他不想使用“用过的舞步”。最后，泰勒用“脑海中出现的第一个舞步，一些让人头晕目眩的倾斜、转弯、跳跃”完成了这一作品的结尾。

回避，去静思，给自己一个最后期限，把自己逼到绝路，此时，你的脑海中就会闪现新的灵感。正如作曲家伦纳德·伯恩斯坦（Leonard Bernstein）所说的：“想要成就伟业，需要两样东西—— 一个计划和一段不怎么够用的时间。”

关于艺术家工作时为什么需要那么多成功且有仪式感的空间，是有原因的。在美国的麦克道威尔、斯考希根和耶多等艺术家的空间，每个人都有一个浓缩的时间框架，而在这其中，允许各种转变发生。正如编舞师莉兹·莱尔曼（Liz Lerman）所说的，这里发生了“从创作到艺术创作的转变”。[8]一开始，会有各种各样的想法出现，“交谈、倾听、创造、收集、教学，什么都行”。在你开始关闭实现想法的大门时，问题出现了。她把这个阶段称为“翻转漏斗”，把作品精简到一个更精致的地步，这是一个使艺术创作变得“折磨人”的精炼阶段。

作家、神经学家奥利弗·萨克斯（Oliver Sacks）在绝望中对自己发起了一项致命的挑战——在10天内写完一本书，否则就自杀。他说，假想中的致命威胁吓到了他。几个月来，他什么都没有写出来。但在这个危险的想法出现后，他开始用非常规的方式把各种想法拼凑起来，进行对内心的表达，仿佛他只是一个“桥梁”或者一台“发报机”。最终，他提前一天完成了那本书的写作。处理各种阻碍会带来突破性的进展，因为它会带来不确定性，也会带来比确定性更具创意的解决方案。[9]

密歇根大学的组织行为学家与心理学家卡尔·维克（Karl Weick）① 表示，在压力下，无论是来自人的压力还是来自时间的压力，当预计的能力出现衰退时，自身的创造力就会涌现。在乔布斯的一生中，他都在给自己施加压力。他对同事约翰·斯卡利（John Sculley）说："谁也不知道自己会在这儿待多久，我自己也不知道，但我的感觉是，趁着还年轻，我得去完成一些事。"

◇◇◇◇◇◇◇◇◇◇◇◇◇◇◇◇

泰勒舞蹈团在林肯中心的表演结束的那天晚上，我沿着百老汇大街的对角线漫步，走过第 67 街区里一条小路上的考夫曼中心，在这里，百老汇正对着阿姆斯特丹剧院的方向。我在考夫曼中心的玻璃门前停了下来。透过这块玻璃，我看到观众在四周转来转去，从凹下去的入口进进出出。我把手伸进包里，拿出一本空白的折了角的 Moleskine 的传奇笔记本，记下了一些有关泰勒的演出的东西。大约在 8 年前，我开始买这种笔记本。商家说这种笔记本的设计是以凡·高、毕加索、海明威和布鲁斯·查特文使用过的传奇笔记本为基础的，于是我对它产生了好奇。后来，我发现这则广告略显夸张，反正我也不信。但我喜欢这样的警示：**每个人都需要清楚地知道如何从头**

① 想了解卡尔·维克的更多思想，可参考他的《组织社会心理学》，本书中文简体字版已由湛庐文化策划、中国人民大学出版社出版。——编者注

开始，在我们面前摆着的都是一张白纸。我现在仍然用这种笔记本。而现在，它们让我想到了泰勒。

每当处理空白时，我们都与历史上那些著名的艺术家为伴。

泰勒说："你知道吗，如果跳了一支完美的舞蹈，我就会退出舞台了。"甚至，就连他的舞蹈作品《迷失、寻找又迷失》的名字也暗示了这个循环。

应对想法与作品之间的裂缝是一生的事，但在他人看来，这常常就像被失败吞噬了。或许，这是艺术家或创新者都能控制的事，正如泰勒在《光环》50 周年庆典前夕告诫人们的那样："你永远不会知道一支舞蹈该如何吸引观众，至少我从来都不知道。但只要那是我想做的事，我就不会在乎那么多。我做这些不是为了取悦观众，而是因为我喜欢做。当然，如果观众喜欢，我也会非常高兴。"

尾注

[1] 泰勒还曾当选为"艺术与文学家"。

[2] 这句话的全文是："我不为观众编舞，而是为自己编舞。就算是为了演出而编舞，我也只编我欣赏的舞蹈。不然，跳舞的意义又是什么？"

[3] 泰勒曾在一篇评论中说："我开始对摩斯、玛莎和我自己的舞蹈感到不满。我的舞蹈还算不错，但不够好。我在思考，舞蹈动作是基于什么而来的？舞蹈的结构是什么

样的？到底什么才是舞蹈？”

[4]“我内心很平静，但在表面上，脖子的抽搐让我看起来很紧张。”泰勒在谈到那一刻的情况时这样写道。

[5]艾拉·格拉斯（Ira Glass）描述了目标与能力之间存在的裂缝。黛安娜·阿尔比斯（Diane Arbus）也对此有过描述，并称之为“意图和效果之间的裂缝”。1957 年 4 月，在得克萨斯州休斯敦举行的美国艺术联合会上，杜尚也谈到了这一裂缝，他称其为“意图与实现之间的区别”，但他认为，这种“裂缝”是“艺术家意识不到的”。

[6]哈默在谈到庞德和克莱恩之间的信件时说：“在拜内克珍本及手稿图书馆，保存着一封克莱恩投稿后庞德写给他的信，当时克莱恩 18 岁，和你差不多大。在谈到克莱恩的诗时，信上这么说：‘这儿全是鸡蛋。也许还有更好的鸡蛋，你却没有一只母鸡或者一个孵化器。’我不知道这是什么意思，但这至少说明克莱恩被拒稿了。克莱恩一直保存着这封信，这就像一种文凭。从某种意义上来说，他也是现代诗人中的一员，因为他是被庞德拒稿了。如果你到拜内克去，会发现克莱恩的第一本书里有一张照片，那不是克莱恩的照片，而是庞德的，并且是一则宣传庞德及其书的广告。我喜欢这个，因为我认为，它代表了庞德在 20 世纪二三十年代诗歌文化中的重要性和主导地位。庞德是诗歌的领军人物，而像克莱恩这样的年轻诗人则想得到他的认可。休·肯纳（Hugh Kenner）有一本关于现代诗歌的书，书名就叫《庞德的时代》（*The Pound Era*），似乎在现代诗歌中，只有庞德是个人物。”

[7]詹姆斯·伍德（James Wood）认为，这个故事“可能是虚构的”。

[8]需要说明的是，缅因州的斯考希根是一个特别的地方，有“名校”之名，全名为斯考希根绘画与雕塑学校，并且很难让人发现它是一所学校。经验丰富的驻留艺术家、访问学者和从竞争激烈的申请者中选出的 65 名学员，将会在夏天的斯考希根进行为期 9 个星期的培训。

[9]这种联系已经被哈佛大学心理学教授埃伦·兰格（Ellen Langer）的研究证实了。

THE RISE

CREATIVITY, THE GIFT OF FAILURE, AND THE SEARCH FOR MASTERY

PART 2 第二部分 磨炼

北极夏天

臣服的姿态决定反击的姿态

FAILURE IS NOT PUNISHMENT AND SUCCESS IS NOT REWARD.
THEY' RE JUST FAILURE AND SUCCESS.
YOU CAN CHOOSE HOW YOU RESPOND.

失败不是惩罚，成功也不是奖赏，
它们只是失败和成功，
如何回应完全是你自己的选择。

如果臣服于风，你将乘风而起。

——托妮·莫里森（Toni Morrison）

斯科特及其队员遇难的消息传出后的几天，前往伦敦圣保罗大教堂的人比泰坦尼克号沉没时前往这里的人还多。1911 年 1 月，罗伯特·F. 斯科特（Robert Falcon Scott）船长披着鹿皮做的衣服，带着他的队员，踏上了前往探险界的“圣杯”——南极的旅程。世界各国的人争先恐后地去探究谁能成为第一个在地球的最南端插上自己国家旗帜的人；“除了南极，人们不讨论别的话题，南极成了当时的超级热门话题”。

对斯科特和他的队员来说，“通往寂静之地的旅程”变成了“人间炼狱”。他们晚上毫无睡意，白天却困得不行。他们在 -30℃的天气里前行，还用雪橇拖了 90 多千克重的物资。为了防止在咆哮的风中跋涉时睡倒在冰冷的地上，他们只能“大喊大叫”着来提神，以每步 15 厘米的速度前进。出的汗在衣服上凝结成冰，晚上融化，然后再凝结，把睡袋从“湿漉漉的毯子”变成坚实的“装甲钢板”。在这样寒冷的天气里，一名队员止不住地打着冷战，颤抖到整副牙齿都要碎了。他们都觉得自己已经“遍体鳞伤，快要死了”。

从那以后，没有人打破斯科特及其队员创造的纪录——所有的人都在探险中遇难。坚持得最久的 5 个人就死在离储存食物的营地大约 19 千米远的地方。这次探险被认为是探险黄金时代的一次伟大的未竟之旅，也是“世界上最惨烈的失败”。[1]

在我们的第一次交谈中，出生在英国德文郡的本·桑德斯（Ben Saunders）那双电力十足的蓝眼睛中不停地闪烁着光芒，他告诉我：“在斯科特的 20 多部传记中，似乎有一半都是这样写的，‘他是一位勇敢、典型的英国式英雄——命运中充满了绝望和不幸’，或者‘他是一个疯子，是他的自我意识驱使他走向了死亡’。”桑德斯是世界上最伟大的极地探险家之一。我对他为何要在一个世纪后继续斯科特的探险之旅十分好奇。这是一段长达 2897 千米的路程，相当于 69 次全程马拉松，将会是有史以来最长的一次个人极地探险之旅。

桑德斯创造过一项纪录——世界上第三个独自徒步到达北极的人。[2] 自那以后，再没有第四个人能做到。2004 年 2 月，桑德斯从北极角出发，与另外三位不属于任何组织的探险者共乘一架飞机，四人分担了到达西伯利亚最北端与北冰洋交汇处的费用，而那里就是他们探险的起点。在探险的过程中，有两个人不得不向外界求救，其中一个是一名法国海军陆战队的队员，他从冰面上摔下来，冻伤了；另一个是一名美国人，他脚踝受了伤，不得不乘飞机离开。第三个是一名来自芬兰的女性，她一直下落不明。只有桑德斯一个人到达了目的地。

5 月 11 日，桑德斯胳膊底下夹着卫星电话的电池，站在北极阳光下的冰上，让电池吸收太阳能，同时给母亲打电话。那时，他的母亲正在杂货店的收银台排队结账。接到电话后，她哭了起来，不知所措，叮嘱桑德斯之后也别忘了给她打电话。然后，桑德斯又给女朋友打了电话，但没人接，电话转到了语音信箱。他独自一人在大块的浮冰上跋涉了 72 天，有时还要在北冰洋水深超过 4800 米的“墨水般乌黑的水”里游上一段。他没有同伴，也没有国旗可以插。他说，任何一面他能插上的旗帜都会飘走，“通常会飘到加拿大”。他家里的桌子上放着一张他 13 岁时的成绩单，上面写着：“本缺少动力去完成一些有价值的事。”

桑德斯认为，每个人都有自己的极限，而无力背负的梦想中有一个悖论：“我们常常需要经历一些失败，才能到达目的地。”他的极限是在北极之旅的前前后后出现的，是一种内在成长的缺失，这推动了他完成北极之旅，而不是使他失去勇气。桑德斯臣服于自己所认为的绝对极限，之后才意识到还有其他的出路。

如今，探险家是一个不同寻常的职业。而在以前，各国曾以科学标本采集、地理发现和磁研究的名义去南极和北极探险。[3] 桑德斯说，斯科特出发去南极时，人们其实并不了解南极的情况，人们对地球上寒冷地带的气候的了解，远没有“对月球表面的了解多”。然而，在 19 世纪末，人类绘制了大量的地图，“探险者差点就失业了”。他说，“探险家”“冒险家”这样的词总是让人想起“挺着胸脯的殖民者形象”。当说到这个职业时，人们可能是想表达“非常遗憾，没有比这更适合你的”工作了。这个职业需要人们抓住自己的核心使命——发掘出一种储存于自己体内的能力，以打破人类的极限。有时，桑德斯只是简单地说自己是一名运动员。就像抽象派画家埃德·摩西（Ed Moses）将自己的作品比作发现一样，桑德斯也颠倒了事情的逻辑，说他已选定了“手艺人”或“艺术家”这个词来描述自己的探险生涯。

那些被追求所驱使而将自己置于边缘的人，往往不是处在外围，而是处在前沿的位置，他们在测试自身所能承受的极限。

桑德斯认为，除了一些他的同类，即“普通的挪威人”，大多数人很难理解被冰雪覆盖的荒野会如何把人逼到人类忍耐力的极限，以及人们为此要付出什么样的代价。

如今，已经可以乘飞机飞到南极或北极，或者在飞行最后的 100 千米内滑翔过去了，所以，有些人可能会认为桑德斯的探险不过是一种“人为特技”。告诉人们自己要去南极探险为桑德斯招来了各种不和谐的评论，例如，有一个人说他的祖母要乘游轮去南极洲，告诉了桑德斯他的祖母会去哪儿，并问桑德斯是否会在某某地方徒步探险。桑德斯告诉我，2004 年，一个“互联网上的不速之客”“认真且坚定地”告诉他，那些在前往北极的过程中注定的失败都是“挑战不可能”的结果，他应该“找一份正经的工作”。桑德斯假意道了歉，但他表示：“我不会因为一个咆哮的博客评论者不成熟的建议而改变自己的一生。相反，我坚持自己的立场，把注意力放回到无用但有意义的磨刀石上，并把我拥有的每一分钱、每一点儿精力和每一秒钟的时间都用在即将开始的征途上。”[4]

“我们如何看待北极？人类与北极是一种什么样的关系？”苏班卡·班纳吉（Subhankar Banerjee）写了一篇关于该地区的文章，预言了相关的忧虑。但仅凭想象，人们是无法得知冰雪王国的真实情况的。

“这远远超出了大多数人的认知范围，我们还是讨论一下去外太空的事情吧。”桑德斯低声对我说。

独自一人的北极探险之旅

当你希望前进时，海洋中的浮冰会沿着相反的方向移动，这就是为什么说在北极就像体验到了在外星的感觉。北冰洋面积约为 1400 万平方千米，大约是美国国土面积的 1.5 倍，其中大部分是冰川，相当于一个储水量为全球总水流量的 10% 的蓄水池。例如，勒拿河、叶尼塞河和鄂毕河是流入北冰洋的三大西伯利亚河流，不过，其冰层正在变得越来越薄。

桑德斯苦笑着说："北极不是一个大冰冠，而是很多很多的碎冰，有些绵延几千米，有些只有几米长。它们一直在漂移，如果有一天运气不好，它们就很有可能会向后移动。"有一天，桑德斯还有1000多千米的路要走，他向北前进了八九个小时，结果冰却向南漂移了3000多米。晚上，他独自一人待在北极林木线以北的地方，比当地的因纽特人还要靠北好几千米。他会在日记里记录自己在检查了GPS后又走了多远，这是他每天最期待的事。第二天早上，他会再检查一遍，这时，他经常发现自己在睡觉的时候已经偏离了目标。这是一个残酷的恶作剧——他所必需的休息可能会抹杀前一天的所有努力。

在频繁移动的路面上行走并追求一个目标有一种魔力。桑德斯喜欢"这条人迹罕至的小路，尤其是独自一人的时候。我总会有一种感觉，好像对我来说，那些风景是独一无二的。或许有人会在一天后的同一个时间来到同一个地方，但那种感觉与我此时感受到的是完全不一样的"。

最后，桑德斯开始适应北极的风、温度和气候的变化。"很明显，在这个严酷的地方，你无法改变任何事，只能努力去了解它的节奏和季节——这是一个除了臣服别无他选的地方。"

当这片被积雪覆盖的玻璃似的路面向后移动，当桑德斯还有1000多千米的路要走，他不得不承认，这是一段"极其艰难"的时光，他停了很长一段时间，仿佛又回到了当初。他这样描述那段时光：

> 那几天，这儿的一切都令人难以置信，我丧失了思考的能力，甚至无法思考最终的目的地。有一天，我看着面前的一小块冰，想着："我要做的是先到那儿去，这就有10米远了，只要到了那儿，我就成功了一小步，我就可以到更远的地方。"后来，在那些和这种情况类似的日子里，我只需要把终极目标分解成一小步一小步地加以完成就行了。

为了避免精神上的错乱，桑德斯拒绝忍受任何悲观情绪的打击。他那坚定的语调经常能与音乐中的音符产生共鸣，而用来播放音乐的是他发现的唯一一种能抵御北极寒冷天气的韩国品牌的小型MP3播放器，这个播放器使用的是最好的锂电池。一开始，桑德斯不确定电池在北极极低的温度下能坚持多久，所以他只在晚上听几分钟音乐。后来，他确定这个MP3播放器能挺住，于是，他漫长的跋涉之旅就有了背景音乐——有时是电子舞曲，有时是"一些奇怪又有点美妙的歌曲"，有时又是"一些有点俗气却很励志"的音乐，比如幸存者乐队（Survivor）的《老虎之眼》(*Eye of the Tiger*）和电影《洛奇》(*Rocky*)、《壮志凌云》(*Top Gun*）中的音乐，这都是他兄弟给他下载的，还标明了"仅供紧急情况下使用"。桑德斯说，从那时起，他就不再沉迷于听像电台司令乐队（Radiohead）那样的流行音乐了。除了快乐，他什么都不想要，哪怕是一点点的忧郁也不想要。在人迹罕至的冰天雪地里，"哪怕是听到有一点点忧郁的声音，我也会变得犹豫、踌躇，所以，音乐一定得是乐观且积极向上的"。

之前的探险家往往通过读阿尔弗雷德·丁尼生（Alfred Tennyson）

的《悼念》（*In Memoriam*）和《尤利西斯》（*Ulysses*）或与之类似的诗歌来维持意志，希望自己能像《尤利西斯》的结尾写的那样：“去斗争，去求索，去发现，不要屈服。”[5]桑德斯选了两本与众不同的书：《少年 Pi 的奇幻漂流》和《小熊维尼的智慧》（*The Wisdom of Pooh*）。《小熊维尼的智慧》很应景，书里描述着，随着嘎吱作响的破冰声，大雪在积雪覆盖的群山上奔涌，维尼透过窗户窥视着一片荒芜的雪景，这些都很有趣。在训练中途，维尼还有片刻的休息时间，它在为即将到来的征途做准备。所以，带着这本书上路再合适不过了。

扬·马特尔（Yann Martel）的《少年 Pi 的奇幻漂流》可能与桑德斯独自一人埋头在北极跋涉的故事不同，但它也与桑德斯在这里的生活产生了一些共鸣。该书讲述了住在印度某个动物园的小男孩派·帕特尔的故事。派要和家人一起搬到一个他觉得像非洲的通布图那样“异常遥远”的地方——其实是要搬到加拿大。在路上，他失去了父亲、母亲和兄弟，独自和一头重达 200 千克的孟加拉虎同乘一艘小船，在海上漂流。与之类似，桑德斯也独自躲过了北极熊的袭击，来到了一个生存环境极其恶劣的地方。他开始了一种像派作为一个漂流者那样的生存方式：“你已经来到了地狱的尽头，但你抱着手臂站在那里，脸上还带着微笑，觉得自己是世界上最幸运的人。”极地的恶劣环境和极端性质，迫使桑德斯发现了一种自身很少用到的方式来克服痛苦。

在向我讲述那些残酷的日子时，桑德斯常常不知不觉地使用第一人称复数形式，好像把自身与那段经历区分开是描述它的唯一方式。

尽管当时只有桑德斯一个人在北极，但他还是称自己为“我们”，这不是出于傲慢，或许只是一个无意识的现象，表明他是多么渴望与外界取得联系，多么渴望把这次探险之旅看作一项受人支持的事业。他甚至还回忆了在 7 月一个温暖的日子里，他和女朋友在舒适的公寓度假的事情。

桑德斯承认，他是带着惶恐不安的心情出发的。他登上一架俄罗斯航空公司的飞机，到达了一个叫哈坦加的北方的偏远地区。哈坦加坐落在几千米厚的冰层上，是一个常住人口只有大约 3500 人的地方，广阔而又荒凉。“虽然哈坦加不是世界的尽头，但从那儿可以看到北极。”随后，桑德斯乘直升机到了一个被积雪覆盖的地方，在那里，陆地与北冰洋相接，他见到了随行人员和他的女朋友。他们一行人在这儿停留了大约 45 分钟，用视频和照片做了记录，然后，其他人回到直升机上，留下桑德斯一个人。桑德斯站在冰雪里，吓了一大跳。他们是在满月那天到达这里的，而那并不是开始北极探险的好时候，因为当最高和最低的潮汐伴着这种月相来临时，海岸线会变得“粉碎”。桑德斯回忆说，美国国家航空和宇航局称，2004 年，北冰洋的冰况是“自有记录以来最糟的”，具有自 20 世纪 80 年代以来最快的融冰速度。“当时，我想到的就是跑回去撞直升机的门，然后说：‘嘿，伙计们，我还没有想好呢。’”

在舞台上，当人们要求桑德斯以故事的形式讲述自己的人生时，他总是充满自信和智慧，还带着点自嘲。他常常提到自己是如何跋涉了一整天，最后却发现倒退了好几千米的事情。然而在台下，当我通过电话问他倒退最多的时候有多远时，他展示的更多的却是他的内心活动。“我认为最糟糕的是……”他停顿了一下，“我印象里整个旅程中最糟糕的一天又重现了……”随后，他在我们快节奏的谈话中沉默了很长一段时间，似乎当时的痛苦仍然蛰伏在他身边。他那句话也没有说完，而是说：“好吧，我不记得了。”

桑德斯说，在北极，“我意识到我要对自己的生命负责”，但最终还是陷入了一种“‘好吧，我想不到一个比臣服更好的办法’的奇妙感觉”，就如他所描述的那种不抵抗风、温度和把他带到那种痛苦境地的过程一样。

这有点儿像活在胡克定律中——弹簧的拉力等于弹簧被拉伸的程度。为了使自身的能量得到转换并充分发挥作用，我们往往必须先臣服。

臣服，让你从低谷强大地站起来

在首次和桑德斯谈到屈服后，我思考了两年：当一个人在环境最恶劣的地方前行时，他是如何陷入痛苦的？臣服又为何起到了作用？合气道[①]的艺术和如何应对痛苦帮我理解了一些桑德斯的话。

① 合气道是一种衍生自日本大东流合气柔术，由植芝盛平（Morihei Ueshiha）综合他的武术研究、哲学和宗教信仰而发展起来的一种现代日本武术。——编者注

用臣服来形容可能不甚完美，因为在战斗中，臣服往往与投降是同义词。然而，当失败的感觉以其独有的痛苦形式出现时，臣服，也就是通过接受痛苦来获得力量，远比直面迎战所产生的力量更强大。事实上，桑德斯所要表达的臣服，更类似于尼采所说的热爱生命和热爱命运。“你所能吞噬得下的恶魔会给予你力量，生活的痛苦越大，回报也就越大。”[6]

合气道的力量来自战略上的不抵抗。如果看过武术比赛，你会看到有人潜逃、后退，然后带着平静的表情和微笑再度出现，在攻击者意识到对方离开之前，对方已经到了一个对自身更有利的位置。或者，如果看过日本合气道的比赛或有关合气道创始人、大师植芝盛平的电影，你也会了解到不抵抗的作用。合气道是一种不提倡主动攻击，需要被扔、被摔并且站在一个更稳定的位置上的艺术。这是一种不需要使用拳脚的武术，它涉及两个层面，即如何落入低谷和如何更强大地重新站起来。

有人研究过合气道的物理原理，如吉尔·沃克（Jearl Walker）。他认为，合气道是武术中最难学的，因为它要求人们做的事恰恰是几千年来人们被告诫不要做的事，也就是在受到威胁时放松自己，以保持对自身内在资源的获取。而与这恰恰相反，人类原始的生存反射是在压力面前紧绷神经。合气道六级黑带选手温迪·帕尔默（Wendy Palmer）说：“这是我们身体的一部分，比认知的反应更快，当你能做到时，就会觉得原来自己可以这么放松。”帕尔默是美国最著名的合气道选手之一，她不仅教人们如何练习合气道，还教人们如何利用正念和武术的原则来丰富生活。她常听到有人说，站在垫子上时，她看上去比实际身材高大得多。她能抵挡身材两倍于自己的人的攻击，这种技巧十分罕见。她告诉我，这“就是我们为什么要一遍又一遍地在高强度模拟器中练习，直到形成另一种足够深刻的替代性的神经回路，使臣服成为一个我们可以做出的实际的选择”。[7]

合气道的理念是：当我们不再抗拒某物时，它在我们面前就会变得软弱无力。在合气道中，当受到攻击时，人们会通过调和、融合的方式来吸收并转化对方的能量。在合气道中，没有竞争对手，只有给予或接受能量的人。彼得·冈贝斯基（Peter Gombeski）说，如果说拳击是一种力与力的对抗，那合气道的理念就是“要么避开，要么接受并将能量转移”。合气道的目的是削弱来势汹汹的进攻型力量，不是通过踢、打或其他方式去对抗或压倒进攻者，而是通过“混合”，就像“水的流动”那样去吸收对方的能量，“就像进入一池温暖的阳光”。这是一种专注、流动的存在方式，类似于“置身于世界之外，处于‘流动’状态之中”。

臣服会增强人的感知力。关于这一点，帕尔默举了一个例子，即如何感受两个大小和密度相同的物体。帕尔默说，假设有两个玻璃杯，一个是空的，一个装满了水，然后分别感受它们的重量。如果你的胳膊和手的肌肉是紧绷的，就感知不到两个玻璃杯的差别。她解释说：“感受到压力时，人们就失去了获取信息的机会。而当处于边缘时，人们往往需要获得所有能获得的信息。”这种边缘可能会导致冲突。合气道创始人植芝盛平把这种边缘视为世界本身的能量，就像桑德斯所面对的北极的风和脚下移动的大地一样。

合气道大师乔治·伦纳德（George Leonard）曾和帕尔默一起开过 30 年的道场。伦纳德说，臣服并利用其他资源来引导活力（即日语和中国武术中的“气”），将合气道变成了“魔术”。帕尔默说，人的身体是多孔的，“比粒子的空间更大”。她进一步解释：“在合气道中，空间和物体一样重要。是能量间的共同作用控制着技巧。”比如说，把两个音符放在一起，它们会变得不和谐，但如果在它们之间留出一点空间，它们就会变成旋律。神奇的是，让你变得如此“和谐”的能量正来自你自身，即使是在合气道的高级武术状态中，这一点也很少会改变。正如“在爵士乐的高级状态中，演奏者可以暗示某个音符，却不能演奏出来……在合气道中，人们也只是看起来没有动作——只是站在那里，对手就倒下了”。而这些，都是通过臣服实现的。

臣服到一定的程度，你就会感受到来自某种情况和环境的影响，并能据此有所适从。

如果不能麻痹自己，人们就常常会采用反直觉的方式来缓解慢性疼痛。疼痛管理专家提醒患者，当然，练合气道的人也可能会给出这样的建议，“对慢性疼痛感到紧张或厌恶只会加重不适感”，但是，如果患者臣服于这种感觉，“在感受到疼痛时放松身体，让身体进行自我组织，就会形成良性循环”。这类似于美国当代著名作家詹姆斯·鲍德温提出的不要“对最初的疼痛感到惊慌失措”，而要理解“这是一个生理上的事实——牙痛其实是一种能挽救生命的疼痛”。要想改变失败的结果，你就必须把自己逼到绝境。[8]

在冰岛，这个道理也能说得通。相比于连续数月处于黑暗之中的人们的正常生活状态，这里的人看起来生活得幸福得多。冰岛有一种外号叫“黑死病”的饮料，风靡全国。冰岛人知道应对漆黑夜色的关键，正如作家埃里克·韦纳（Eric Weiner）在环球旅行中发现的那样，是寻找世界上的“极乐之地”，是去“接受它”，而不是反抗它，更不是试图让它消失。说起来容易做起来难，但对某些形式的痛苦来说，挣扎、反抗确实要比承认和接受更糟。

莎士比亚在《李尔王》中说：“这不是最糟的 / 只要人们还能说出‘这是最糟的’。”曾经在一年多的时间里，我失去了 7 个朋友，直到那时，我才终于明白了这一点。那时，我刚大学毕业，他们在一连串的事故中离开了这个世界，其中有 6 个人还不到 24 岁。

有一个是我最亲密的朋友安娜，我们的生日在同一天，而她只比我大一岁。我们曾在宿舍和洛杉矶的伯迪克巧克力餐厅进行深入而热烈的交谈，响亮的笑声源源不断地传出来，如今想起来，那些笑声简直令人心碎。伯迪克巧克力餐厅是她最喜欢的一家卖甜点的餐厅，距离美国剧目剧团只有一个街区。比起对自己好，她更多的时候是在为他人着想，甚至觉得她的生活不只是自己的。有一天，我突然接到一个电话，说安娜因溺水而去世了。她独自照顾 5 岁的表弟，而表弟不小心落水了。虽然她不会游泳，但她还是跳下去救表弟。小表弟被救起来了，她却“走”了。在知道这一切之后，我的心都要碎了。

臣服于死亡的事实而不是死亡的想法，我们就能获得通往充实的生活之路的通行证，以完全不同的方式看待生活，就像我当时不得不想象安娜是臣服于自己的内心而做出的选择一样。她在那一瞬间做出了决定——年轻的生命需要一个活下去并且发光发热的机会，为此，即使“丢”了自己的也未尝不可。

对我来说，上天赐予的坚定且有指导性的思想超越了复杂的悲伤。假如生命真的如此脆弱；假如那么多人被迫离开，只留我一个人去做那些被禁止或被期待的事，仅仅是因为除此之外别无选择；假如生命要有一种灵魂上的意义，那我就需要勇敢地踏上自己选择的道路，去追求那些于我而言最重要的东西。悲痛给予我的礼物是使我意识到，假如没有经受过那种悲痛，我可能永远不会成为最完整的自己。

在我看来，臣服有点像为自己换一种存在模式。这使我想起了哈里·贝拉方特（Harry Belafonte）的朋友，已故的马丁·路德·金的故事。马丁·路德·金对他所面临的一切产生了一种情感上的反应，表现为结巴。“他一直是……结结巴巴的”，贝拉方特边说边模仿这位著名演说家的“缺陷”。他说，这种情况并非每时每刻都会发生，但确实在几次演讲中出现过。小时候，马丁·路德·金就在讲话时遇到了困难。在神学院的演讲课上，他不止一次只拿到 C 的及格成绩。不过，他仍旧试图通过讲真话的力量来领导一个民族。贝拉方特注意到，最终，马丁·路德·金的结巴在演讲中消失了。他问马丁·路德·金是如何克服的，马丁·路德·金回答说："一旦与死亡和解，我就能与其他的一切和解。"由此，结巴就消失了。

人们很少谈到领导者是如何处理痛苦的情绪的。1963年，约翰·肯尼迪总统遇刺身亡，凯瑟琳·肯尼迪·汤森（Kathleen Kennedy Townsend）因为父亲，即时任美国司法部部长的罗伯特·肯尼迪（Robert F. Kennedy）长时间哀悼弟弟的离世而感到吃惊。每次陷入失去亲人的痛苦中，罗伯特·肯尼迪就会去卧室读他最喜欢的诗人、希腊悲剧作家埃斯库罗斯所写的有关智慧来自坎坷的作品，"真切地感受痛苦和悲伤"来度过这段时间。凯瑟琳回忆说：

> 他说："我要活在痛苦中，我要让自己明白那件令人悲痛欲绝的事的确已经发生了。"我觉得正是这一点让他成为一位非常了不起的领导人，因为在很多时候，公众人物不会让自己长时间处于痛苦的情绪中，他却会。

只有消除了最大的痛苦带来的威胁，我们才能意识到再也没有其他东西能真正地伤害到我们了。历史学家斯科特·桑德奇（Scott Sandage）在《天生失败者》（*Born Losers*）一书中写道："诗人、精神分析学家、社会学家和经济学家很少会告诉我们的是：失败是因为我们还没有学会面对死亡。"而《天生失败者》，就是一本19世纪和20世纪的美国的失败史。经济学教授约翰·肯尼斯·加尔布雷思（John Kenneth Galbraith）在《不确定的时代》（*The Age of*

Uncertainty）一书中指出，死亡是人类最大的焦虑来源之一，他的这番话恰好与桑德奇所说的相呼应。

这也是轴心时代精神传统的悖论，英国宗教学家凯伦·阿姆斯特朗（Karen Armstrong）说，从公元前800年到公元前200年，从苏格拉底、柏拉图、亚里士多德、希腊理性主义的出现，到印度的佛教、印度教的兴起，每一种思想都有其核心。这些哲学使生命与苦难之间密不可分的关系变得极为重要。自然分娩提示人们，只有在你认识并接受生命带来的痛苦，并且不反抗时，它才是真正的生命。我想，这就是为什么苏美尔神话中的冥界女神埃列什基伽嘞往往被描绘成在分娩的样子，这就是印度吠陀神话、古希腊有关珀尔塞福涅和德墨忒耳①的神话中所呈现的那种生命与死亡的交织——死亡之神同时也是收获之神。

在物理学中，也有绝对零度的假象。理论上，原子在没有生命、没有能量的时候，是一个点。[9]自然状态下则不会出现这种情况。当开尔文勋爵威廉·汤姆森（William Thomson）把这个想法传递给世人时，它彻底改变了物理学，创造了一个新的领域——热力学。任何物体都无法从周围的环境中获得能量，任何物质都无法冷却到没有能量的程度。或许，臣服就与此类似。

① 珀尔塞福涅是古希腊神话中的冥后和谷种女神；德墨忒耳是古希腊神话中的农业、谷物和丰收女神，可以使土地肥沃、植物茂盛，也可令大地枯萎、寸草不生。——编者注

零是最奇怪的一个数字，它的价值既是基本的又是不稳定的，有一种语言无法解释的特性。它也会造成威胁，比如用某个数乘以零或者用零除以某个数，结果还是零；又比如，用某个数字加零或减零，原来的数值保持不变。几个世纪以来，这一直是大多数文明不愿意去思考的一个问题，当然，除了接受了这一点的印度教社会。零恰好处在临界值上，从正到负，把我们想要的和不想要的区分开。臣服，就像零一样，不会转化成一种很明显的形式；它就像艺术家所说的duende[①]一样，只有在处于智慧、直觉和力量的交汇处，感受到持续袭来的痛苦时，才能创造美。

虽然我试着去描述臣服，但想要看清它在生活中的位置，却总感觉像是在努力与那个难以捉摸的数字零打交道。没有这个数字，一切将毫无意义，所有认知都将变得松散，得不到支撑。而零的反弹效应在于，我们常常需要放低姿态才能达到目的。

接受痛苦，接受自身能力的局限

在面对痛苦时，桑德斯表现出的脆弱是反直觉的，而摆渡人在这个过程中扮演着向导的角色。对桑德斯来说，摆渡人就是杰里·科隆纳（Jerry Colonna）。这位来自布鲁克林的意大利裔美国人在 J. P. 摩

① 佛拉门戈艺术里的一个名词，指的是演唱者的触感与灵魂，它主宰了演唱者与听众之间的沟通。——编者注

根公司的私人股份公司工作过，曾经是一位风险投资家，现在则专门为企业家提供有关生活平衡方面的咨询。坐在他位于曼哈顿下城区熨斗区百老汇大街的办公室里，科隆纳告诉我："倾听和见证苦难是我做这份工作的一部分原因。"他举止谦逊，但目光犀利，并且拥有一颗不断探察的心。桑德斯希望科隆纳帮他在情感和精神上为北极探险之旅做好准备。

这两人的组合让我备感意外。桑德斯第一次去找科隆纳时，是出于一个非常实际的原因。科隆纳告诉我："那时，本可以成为路虎的代理，但如果接受了，他就必须把自己的梦想搁置在一边。"桑德斯进行探险并不是为了出名，也不是为了赚钱。而在科隆纳这儿，他得到了合适的指导。

> 荣格谈到过一个事实，那就是我们的内心存在着一些之前从未经历过的生活。随着长大成人，我越来越适应后半生的生活，也允许生活中出现一些全新的经历。我的另一面中有一位摄影师、一位老师、一位作家，还有一位疯狂的流浪者。

科隆纳向我描述了如何帮桑德斯从舒适的环境中恢复过来，拥有接受痛苦的能力。听起来，帮助这位世界级的探险家接受情绪低谷的存在是一件很容易的事。

> 我问他："你要做的事是人类从来没有做到过的，这很困难，你对此感到震惊吗？毕竟，如果很容易就能做到，那这条

> 路上早就挤得人山人海了。”这给了本一个全新的视角，让他能够用一种更温和的方式看待自己。

随后，科隆纳又深入了一步。

学会接受痛苦，然后克服它，这“并不仅仅是一种简单的心理认知技巧”，科隆纳强调。

> 我的一位佛教老师叫萨克扬·M.仁波切（Sakyong Mipham Rinpoche），他的父亲把香巴拉[①]武士的教义传到了美国，他说过，痛苦不是惩罚，快乐也不是奖赏。你可以理解成失败不是惩罚，成功也不是奖赏，它们只是失败和成功，如何回应完全是你自己的选择。

当我质疑他是否认为对失败如何回应完全是一种个人选择时，他说：

> 我们必须用心，因为不能只是嘴上说说，“我要重新定义这种经历”。实际上，这需要一种联系，我常称之为激进的自我探究。对着镜子说，丑陋的东西，我不喜欢看见你，也不想接受你；那些我喜欢看到的东西对我来说是完全OK的，并且就真真切切地存在在那里——这需要很大的勇气。将它视为中

---

① 香巴拉即香格里拉。——编者注

> 心意识的基础，可以让内心的平静出现，桑德斯就是一个很好的例子。

在科隆纳讲述这个想法时，我脑海中闪现出了桑德斯对佩玛·丘卓（Pema Chödrön）的《当生命陷落时》(*When Things Fall Apart*)的看法，这是科隆纳推荐给他的书之一。丘卓在书中写的有关接受“偏离中心、悬而未决的状态”的内容引起了桑德斯的共鸣。当行进在北冰洋的冰层上时，桑德斯意识到了对自己生命应负的责任。浮冰代表了一个警示，即生命中有许多事是单凭一己之力无法控制的。

桑德斯说，“我得学着对我能改变的事放轻松一点，同时忽略其他的事。毕竟，如果我改变不了它，那它也就没有什么值得担心的了”，即使是脚下的大地在不断移动这样极为可怕的事，也不值得担心。

在桑德斯 2004 年的探险中，他身上的榜样力量被激发出来了。他告诉我，芝加哥一名叫保罗·克里斯琴（Paul Christian）的警察受到枪击，腰部以下瘫痪了。在桑德斯探险的过程中，克里斯琴每天都在桑德斯的网站上留言，讲述自己身体的恢复情况。桑德斯无法上网，但他在英国的团队看到了这些留言。每当桑德斯需要鼓励时，他们就会在有限的通话时间里把这些留言读给他听。桑德斯记录自己探险活动的网站有 720 多万的点击量，他说，他并不是“独自一人走了很长一段路，长了胡子，变得有些疯狂。事实上，正是因为他的行为产生了广泛的影响力并且激励了很多人，他才真的有了不断坚持下去的动力”。

科隆纳告诉我：“当本独自在冰天雪地里寻找他的父亲时，我基本上都是鼓励他不要抗拒，而是试着去接受。”

科隆纳以为我知道他在说什么，但事实上，我并不了解这背后的故事，也觉得那不是我该进一步去了解的事情。这话我只是搁在心里，没有说出来。在随后的聊天中，科隆纳讲了一个与这相关的故事：桑德斯的父亲在他五六岁时就失踪了。有一天，桑德斯的父亲离开了家，连续几年只在每个月的某个周末出现一次。桑德斯十一二岁的时候，他的父亲就不再出现了，并且没有任何解释就切断了和桑德斯的所有联系。桑德斯根本不知道父亲是死是活。20 多年来，桑德斯一直都联系不上他的父亲。

桑德斯说，努力探索以及在这一路上寻找到的虚构的父亲形象那里得到的指引能替代他对父亲的挂念。年幼时，从马尔维纳斯群岛归来的英国士兵从船上下来时那种坚毅的神情给桑德斯留下了深刻的印象。约翰·里奇韦（John Ridgway）和自行车手简·乌尔里克（Jan Ullrich）是桑德斯心目中的英雄。桑德斯告诉我，他和乌尔里克很像。乌尔里克的父亲也是很早就离开了家，有一天，乌尔里克的父亲来到乌尔里克进行自行车比赛的地方，递给乌尔里克一张写有电话号码的纸条，乌尔里克就把它放在自己的运动衫里。但是，在几个小时的雨中比赛和汗水的浸透下，那张纸条上最终什么也没有留下，只剩下空白的、难以辨认的湿漉漉的一张纸。

桑德斯告诉我，科隆纳可能还没有孩子，但“他说出了一些我希望能从我父亲那儿听到的话”。

爱尔兰作家乔治·摩尔（George Moore）曾写道：“有一个人环游世界去寻找他所需要的东西，但转了一圈，他还是回到了家乡继续寻找。”即便在家乡依然找不到，他也不会停下来。

尝试、失败和跌跌撞撞的结果

在这个百家争鸣的时代，有数不清的东西能分散我们的注意力，逃离痛苦是一件很容易的事。所以，当我们处在一个不情愿的位置上，如何以从未想过自己能做到的方式成长呢？如何去感受合气道中的臣服呢？感受失败，接受低谷，通常就是一种有力的方式。

对于桑德斯被桑赫斯特皇家军事学院（Royal Military Academy Sandhurst）录取这件事，他的家人认为这是“本成就自己”的标志。不过，他只在那儿待了 11 个月就退学了。“我的父亲是一个身无分文、无父无母的泥瓦匠，所以我也不会期望自己能有多大的成就或者期望自己的旅程能得到资金支持。”桑德斯的朋友和家人都认为他已经迷失了自我。

成为一位探险家纯属偶然。离开桑赫斯特皇家军事学院后，桑德斯跑了一场马拉松，他发现自己很喜欢这种极致的感觉，也找到了一位他心目中的英雄人物——曾经在 1966 年乘坐木船横渡大西洋的英国前陆军军官里奇韦。里奇韦在苏格兰的高地经营着一所“冒险学校”，为企业客户提供领导力发展课程，类似于拓展训练。在大学开学前的那个假期里，桑德斯在这里工作，并得到了里奇韦的指导。“他非常非常善于利用自己的经验，让别人对自己的潜力有不一样的看法。所以，当他说‘为什么不呢’而不是‘这事不会成功的，不要犯傻了’时”，桑德斯制订了一份严肃认真的北极探险计划。

这一切始于桑德斯所认为的“一小步”，也就是 2001 年与经验丰富的探险家佩恩·哈多（Pen Hadow）在北极的徒步旅行。当时，桑德斯只有 21 岁，是史上进行这一探险活动的探险家中最年轻的人。那次差一点儿就成功了。他笑着对我讲述了自己在伦敦希思罗机场做的白日梦——人们挥着国旗迎接他、祝贺他，“迎接这位英雄回家”。然而，现实更像兰德尔·贾雷尔（Randall Jarrell）《北纬 90°》（*90 North*）一诗中的一个场景——童年时要去北极的梦想渐渐被现实消磨光了。

在那次探险的途中，桑德斯意识到了自己锻炼得不够刻苦，准备不够充分等“一系列失误”。第二天，他们被北极熊袭击了。桑德斯的一只脚趾冻伤了，在 8 个星期的时间内，他的体重掉了 23 千克。那一年，他们还买不起卫星电话，所以只能用滑雪杆制作高频无线电天线，两个月内一共只有两个小时的通话时间。而且，他们出发得太晚了，没能赶在冰融化前到达北极点。当俄罗斯的飞行员告诉他们必须立即掉头时，他们已经走了 644 千米，完成了三分之二的行程，还有将近 300 千米的路要走，但他们的身体已经无法支撑这样的长途跋涉了。

下了飞机后，桑德斯在母亲家住着，那时他营养不良，左脚的大脚趾也冻伤了，他担心这会造成永久性的伤害。读高中时，桑德斯曾经为了还赞助人的学费而在一家体育用品店工作。这时，他又重新开始在那家店打工，而他的许多朋友都已经当了军官。小时候，有一天，他坐在客厅一张凹下去的沙发上看电视，收到了哥哥发来的一条短信，短信的内容是对斗士的诅咒，引用了《辛普森一家》中的话："你已经尽了最大的努力，但依然失败得很彻底。你要吸取的教训是：永远都不要去尝试。"

他生命的弧线已经扭曲并倾斜了，这让桑德斯感到"崩溃"。"总有些人会直截了当地大吼：'你到底在想什么？'"在似乎没有尽头地躺了几个星期后，桑德斯不得不承认："作为一个英国人，我有点儿不好意思说——我觉得这是一次彻底的失败。通过这件事……我觉得自己有点儿……被打败了。"

"2001 年，从北极回来后，我没有考虑什么时候开始下一次的探险"，但他内心的某种东西开始动摇了。桑德斯还是不能确定具体的时间，但过了一会儿，他意识到，"这不算是一次很严重的失败。从很多方面来说，我积累了大量的经验，而且是来之不易的经验。事实上，在这次探险中，我比世界上任何一个处在我这个位置的人离目标都近。我只是没有完全完成它，所以我需要坚持下去，去完成它"。

两年后，桑德斯又尝试了一次并且又失败了。第三次，他终于成功了。他的探险并不是“一项伟大的成就”，而是“尝试、失败和跌跌撞撞”的成果。

最终，桑德斯到达了北极，他把这里作为他计划的中心站点。他的目标是从俄罗斯的北极海岸穿过北冰洋去加拿大，这是一段从来没有人完成过的个人徒步旅行。在到达北极后，桑德斯又向前走了一个星期才停下来。

有时，为了达到一个冒险甚至看似荒谬的目标，我们反而会从事物不受掌控的性质中受益。在我与桑德斯进行最后一次谈话时，他的生活好像发生了点儿变化。当时，伦敦正在举行距斯科特最后一次远征 100 周年的纪念活动。伦敦自然历史博物馆展出了这位爱德华七世时代的探险家的住所、探险设备和工具，而桑德斯正准备出发进行一次徒步旅行，来完成斯科特未竟的探险之旅——他计划在春天的时候正式启程前往南半球。在观看了这次展览并阅读了大量有关斯科特的传记和文章后，桑德斯感受到了一些压力，特别是来自斯科特的一个孙子的压力——他现在是桑德斯的赞助人。

现在，桑德斯也是斯科特那个历史悠久的“血统”的一部分。他认为，这“既是一种荣誉，也是一种负担”。“我从来没有预料到这种压力、期待和故事的分量”，但在对斯科特有了更多的了解后，桑德斯开始认同他。桑德斯认识到自己是多么容易犯错，与这个社会有多么格格不入。年轻时，桑德斯读过罗杰·米尔（Roger Mear）和罗伯特·斯旺（Robert Swan）所写的《司各特的足迹》（*In the Footsteps of Scott*），但后来，那本书在他脑海中变得模糊了起来。

“一开始，我并不是特别在意斯科特这个人，毕竟，他的挑战和旅程并没有完成，不是吗？但是，为什么会这样呢？”斯科特和他的队员一共走了 2527 千米，这是人类在南极洲心理和生理所能承受的极限。桑德斯说，“虽然人类登上了最高的山峰，登上了月球，穿过了海洋和汹涌的河流，绘制出了水下洞穴的地图，能够徒步或骑行穿越沙漠、冰盖和大陆”，但还没有人能在南极洲走这么远。南极洲有“人们的渴望和愿望”，无论是过去还是现在，它都深深地刻在那儿的冻土带上。这仍是一条未竟之路。

黄金时代的探险家提醒过人们，大自然中还存在着许多没有被发现的力量。“诚然，我们未能将北极这一礼物献给世界，但那些内心对此事深感遗憾的人可能会寻求到一些安慰，那就是，失败在所有人的心中植入了更深层的渴望。”海军探险家乔治·内尔斯（George Nares）这样说。对有准备的探险者来说，这次差一点儿的成功是一条必然的寻求之路，并且永无止境。

◇◇◇◇◇◇◇◇◇◇◇◇◇◇◇

灾难的降临，并不是桑德斯所担忧的事情，“有人想放弃”才是他最不希望看到的。在这次探险中，他的朋友塔尔卡·拉赫皮尼埃（Tarka L’Herpiniere）与他同行，拉赫皮尼埃至少参加过 22 次极地探险，这次探险是他退出探险界前的最后一次。他们成功的概率很大。许多人认为，桑德斯和他的搭档已经为这次探险做了万全的准备，他俩是最佳搭档。但桑德斯仍有忧虑——这是一种“令人压力很大的关系，在南极无边无际的虚空中，所有的时间都花在和对方待在一个帐篷里”。拉赫皮尼埃是一名程序员，但他没有手机，桑德斯担心他内心感到煎熬的时候也许不会告诉自己实情。“有人说塔尔卡是一台机器”，他安静、沉着、强壮、不以自我为中心。斯科特的团队习惯了团队合作，在海军服役的时候，他们就训练过“一起住在漏水的木船上”。同样，桑德斯也把团队合作放在了首要的位置上，否则，他们就会在北冰洋的冰面上被迫分离。

或许，我们已经对不完整的东西丧失了耐心。正如一句非洲谚语所说的，我们这一代人都想在早上吃晚餐。我们渴望为消费做好迅速、充分的准备，但徘徊在长期未完成之事上的力量提醒我们，内心那种取之不尽、用之不竭的力量只有在坎坷的旅途中不断奋斗才能获得。这种力量来自最意想不到的地方。

桑德斯的南行之旅不会结束。他笑着对我说，他希望这次旅行能“永远地满足自己的愿望，希望自己不会在 60 多岁时就被打倒”。但他知道，在自身的极限之处，存在一些会令人上瘾的东西。如今，桑德斯觉得他已经不适合做其他的事了。我们讨论了一下他还能做什么工作，并让他写一份简历。“如果我现在试着写一份简历，可能会让人觉得我是一个自大狂、一个疯子或者是一个自大的疯子。”

这次极地探险会有一些不同。南极之旅的最后一段旅程是攀爬到海拔3000米的地方，那里的风比北极的要大得多，能见度也低得多。桑德斯告诉我，他考虑带一些诗歌或诗歌节选去，可以在路上学习学习并背诵一下。

《北极夏天》(*Arctic Summer*）其实是E. M. 福斯特（Edward Morgan Forster）于1911年开始写作的一部未完成小说的标题，是一幅寓意“万物复苏时期”的画面，劝诫人们接受自身所处的季节。在放弃时臣服，而不是在遇到困难时臣服。正如诗人亨利·W. 朗费罗（Henry Wadsworth Longfellow）所说的：“毕竟，有时人最好是能随遇而安。”

美国西南部部分地区天气变冷时，钦诺克风[①]是如此猛烈又温暖，你可以身处其中，以接近90°的角度倾斜，却还能不倒下。这里，也有来自臣服的力量——一股支撑和仁慈的力量。**到了自身的极限，就像来到了悬崖边，害怕会随时掉入深渊，但我们总会找到方法去相信风的力量。**

臣服的影响是无法衡量的。但在看到它时，我们就知道它的能耐：在经历了接近成功和不断失败的痛苦后，我们就能去包容、接纳、战胜更多事。

① 指北美洲西部的焚风。——编者注

尾注

[1]“黄金时代”一词常被用于指代19世纪的探险活动，有时也用于指代14世纪和15世纪的探险活动。

[2]让-路易·艾蒂安（Jean-Louis Etienne）被认为是第四个到达北极的人，但他在行进的过程中用了雪橇。另外两位独自徒步完成北极之旅的人是博尔格·奥斯兰（Borge Ousland）和佩恩·哈多。2003年3月15日，《时代周刊》曾这样评价佩恩·哈多：“如果佩恩·哈多独自且不用飞机补给物资就到达北极，那他将会是第一个通过北冰洋加拿大一侧路线里到达北极的人。通常认为，这是最难的一条路线。1994年，挪威人博尔格·奥斯兰通过一条更长但难度稍低的俄罗斯路线进行了一次独自探险行动。而这之后，再也没有人能做到。1978年，一名叫植村直己（Naomi Uemura）的日本人带着一支狗队，用了7次补给穿越了加拿大那条路线；1986年，法国人让-路易·艾蒂安用了5次补给到达了北极。”

[3]克莱门茨·马卡姆（Clements Markham）说：“那时，北极探险的目标必须是获得有价值的科学成果。”马卡姆曾经担任英国皇家地理学会的会长，该协会的主要活动是资助那些将会成为传奇的探险活动。

[4]本·桑德斯向我展示了他保存在那个已经不再活跃的网站上的文件。为了便于理解，他向我展示了在网站上收到的问题和他对“网上随机的人物”做出的简单回应。例如，有一个问题是：“我认为，现在你需要好好处理一下你为去南极探险而筹备的资金。这么长时间以来，你一直无所事事，除了说说话、训训练，什么都不做。可是，你的探险失败了，因为你试图去做不可能做到的事。你得认清现实：你并不是英雄，也不是神。本，去找份工作吧，把那些筹来的钱用到恰当的地方。”当然，有一件事需要明确一下，桑德斯并没有被指控有任何违规筹资的行为。

[5]1906年，英国皇家地理学会用丁尼生的诗表彰了极地探险家罗阿尔德·阿蒙森（Roald Amundsen）的成就。

[6] 这句话来自约瑟夫·坎贝尔（Joseph Campbell）和比尔·莫耶斯（Bill Moyers）所著的《神话的力量》(*The Power of Myth*)①，很好地描述了尼采的观点："如果对生活说不，你就已经把整件事弄得一团糟了。"尼采的思想与坎贝尔所说的 Verhängnis 很类似，即事物与整体联系在一起，正如尼采在《偶像的黄昏》中所说的："个体是命运的一部分，个体从属于整体，个体就是整体。"

[7] 温迪·帕尔默、乔治·伦纳德和理查德·赫克勒（Richard Heckler）是美国加利福尼亚州合气道 Tamalpais 的创始人。帕尔默发明了一种方法，使合气道训练不局限于垫子上，并且用她的"意识载体"原则将合气道训练带入日常生活。

[8] 这是在我第一次写这个话题的时候，一位临床心理学家告诉我的一种智慧，她希望我能提到这一点。此外，心理学家杰奎琳·拉夫特里（Jacquelyn Raftery）和乔治·比泽（George Bizer）的研究也证明了这一点。他们认为，如果人在负面状态下压抑自己的情绪，就需要可用于新事物的认知资源，而这往往会导致较差的后续表现。相反，如果不压抑自己对失败的自然反应，消极反馈可能就会提高人们的表现。

[9] 在一项实验中，研究者创造出了气体到达零度以下的条件。然而，这些分子的温度实际上似乎要高于零度。简而言之，人们看待温度和动能的方式太简单，无法描述量子物理学中真正起作用的到底是什么。

---

① 本书中文简体字版已由湛庐文化策划、浙江人民出版社出版。——编者注

05

审美

是造成落差的原因，
更是弥合落差的途径

THE COST OF
SUCCESS
IS THAT IT CAN
BLOCK OUR ABILITY
TO SEE WHEN
WHAT HAS WORKED
WELL
IN THE PAST
MIGHT NOT ANY
LONGER.

成功的代价是，
让人看不到过去行之有效的方法
在何时可能会不再奏效。

在人类历史的长河中，美的存在抚平了人们在不公正的领域中受到的伤害。

——伊莱恩·斯卡利（Elaine Scarry）

目瞪口呆、眼花缭乱、心醉神迷，这些用来描述美学的力量的词汇表明，美能使人产生改变。它能使人脉搏跳动加快，甚至惊讶地喘息。它的重要之处在于，美是栩栩如生的——这不在于美是什么，而在于美对那些看到并感受到它的人会产生怎样的影响。美看似轻盈，似乎能让人忘记它的分量；美也有足够的力量，让人在将过去与未来的自我进行调和时进行自我修正并认识到正义的核心是失败。美会温和地越过保守的理性和逻辑之门，与它带来的情感力量相比，很少有什么体验能将人引领到此。

美国南北战争期间，有一个人总是会再三确认自己没有忘记美学的力量，其他人则很少这样做，毕竟，是这群人用生命承担着美国最大的失败所带来的后果。在这场战争中，近四分之一的人牺牲了。[1]人们来到波士顿的特里蒙特教堂，想听听通向真正的联邦的道路意味着什么。虽然人们选择去倾听，但没有人希望听到演讲者说修复国家根基需要些什么这样的话。这个人就是那位“热情蓬勃”的演说家——弗雷德里克·道格拉斯（Frederick Douglass），美国最重要、最伟大的政治家之一。美国国会通过了他提出的倡议——美国总统发布了《解放黑人奴隶宣言》：黑人奴隶，不论性别，只要进入美利坚合众国的领土，就能获得自由；他们不再具有奴隶的身份，黑人男性可以与合众国的军队并肩作战。

在那个演说家“类似于体育明星”、“演讲台”就像“拳击赛场”一样的年代，23 岁的道格拉斯向世人展现了他的意志、技巧、风格和聪明才智。借用一位记者的话来说：“这是一个非同一般的男人，是一位天生的英雄……作为一名演讲者，几乎无人能与之匹敌。”

道格拉斯意识到自己的主张将会引起轩然大波。他是一个实干家，在发表演讲前的几个月，林肯总统就解放黑奴问题征求了他的意见。在长达两个小时的一对一会谈中，林肯请求，如果战争结束时美国还没有废除奴隶制，那就请道格拉斯在美国政府的资助下秘密地主持修建一条铁路，帮助南方的奴隶北上。与这形成对比的是，如今，演说家们在特里蒙特教堂公布的似乎都是一些微不足道的事情，但道格拉斯相信，即使是在战争面前，“图像”的传播能力、解放力量以及它激发并扩大了的富有想象力的愿景，也是使人通向不可能实现的目标的重要力量。

与真实存在的或者只存在于脑海中的感人画面相遇，可以传达出人性的本质，同时通过想象力“点燃”生命原本的内在美景。道格拉斯认为，人类原始的“创造图像的能力”就是人类巧妙且富有想象力的思维能力，能使人清楚地看到差距和失败——“想象中的生活画面与真实的生活场景形成反差”。“所有这些都是人类特有的……都来自这种力量。”这种“理想与现实”的反差使“批评成为一种可能”，也就是说，它使批判奴隶制、不平等和任何形式的不公正之事成为可能的事。

这种反差对处理失败的对立面极有用处。当然，它的对立面可能不是成功。他人给我们贴的标签是暂时的，只有与不和谐的声音和解，我们才能使过去与广阔的新愿景保持一致。

美国废奴事件

从表面上看，美可能是不同寻常的，甚至有些不可思议，就像道格拉斯要求人们在骑着马沿一条危险的道路疾驰而过时看向一朵花一样。人们本来是想听一场关于南北战争以及对敌方的打击效果的演讲，而不是听一曲对视觉想象力的颂歌。特里蒙特教堂离波士顿公园只有一个街区，道格拉斯就在这里发表了纪念约翰·布朗（John Brown）[①]被处决一周年的演讲；1863 年 1 月 1 日，也是在这里，道

① 美国废奴主义者，曾率领反对奴隶制的起义。后来，起义被镇压，他被捕并被杀害了。——编者注

格拉斯通过塞缪尔·莫尔斯发明的电报知道了林肯总统签署《解放黑人奴隶宣言》的消息。

正如当时的废奴主义者一样，从约翰·布朗到威廉·L. 加里森（William Lloyd Garrison），林肯总统也在这个教堂发表过演讲。1861年初，南北战争的枪声刚刚打响，人们就不断地付出生命的代价。我们永远都无法回到当时的场景，无法知道林肯演讲时用的是洪亮的声音还是温和的语气，但可以知道的是，听众都沉默了，台下一片寂静。他的演讲“完全把听众带入场景中了”，伊丽莎白·C. 斯坦顿（Elizabeth Cady Stanton）回忆说，这场演讲的关注点是，在面对国家的分裂时，人们可能会产生事不关己高高挂起的想法。

在科学能表现艺术之前，道格拉斯就提出了自己的艺术主张。“生命和进步的关键”，是男人和女人能塑造出一幅精神或物质的画面，并使他或她的整个世界、情感和其他所有生物的想象力都受到影响。即使是最卑微的形象，也不是毫无用处的。就像音乐的音调一样，它能以一种语言无法表达的方式与心灵对话。道格拉斯说，所有的摄影方法，“达盖尔摄影法也好，安布罗摄影法也好，电版摄影法也好，无论是好是坏，都装饰或毁坏了我们的住所”。他接着说，当受到“正确的看待”时，“人类的整个灵魂”就像“一个画廊或者一个宏伟的全景景观”，将生命的浩瀚与每时每刻进步的潜力形成了对比。[2]

演说家和废奴主义者的故事可以告诉我们，美学的力量在公共生活中是如何发挥作用的，而道格拉斯对审美体验的解放性以及它渗透到日常生活中的方式很感兴趣。

当美国被分裂，当田野浸染了鲜血，最令人惊讶的不是道格拉斯的语言，而是他的行为。1863 年 8 月，道格拉斯与林肯总统第一次在白宫会面——他在没有预约的情况下乘火车去了华盛顿，在白宫与那些看起来好像已经等了一个星期的人坐在一起等候，事实上，有些人的确已经等了一个星期。道格拉斯把一张卡片递到楼上，几分钟后，林肯总统接见了他。这位在美国南北战争时期任职的总统认为，道格拉斯"即便不是美国最优秀的人，也是美国最优秀的人之一"。[3]

人们经常会想起道格拉斯曾经的话，即暴力和武力或许是唯一的出路。如果说"《圣经·旧约》中所说的报应"是通过美国南方奴隶起义而显现的，那他也不会感到惊讶，因为这就像"沉睡的火山"也会喷发一样自然。当时，美国大多数人认为必须得有燃烧的力量，就像废奴主义者威廉·L. 加里森所说的那样：

> 我必须燃烧，因为我周围有堆积如山的冰等着被融化。

道格拉斯补充说：

> 我们需要的不是光，而是燎原之火；不是细雨，而是轰轰雷鸣。我们需要暴风、旋风、地震……美国的传统必须受到撼动，我们必须揭露它虚伪的一面。

道格拉斯多次暗示，在修正国家失败的问题上，对话和行动并不是所需的全部。于是，那些希望在一个星期内听到两个小时的有关解放黑奴的演讲的人，只在罗切斯特的锡安教堂听到了“10 分钟的布道”。“今天不说散文”，而是“要说一说诗与歌”。

解放黑奴的前夕，美国通过法律消除了自由人与奴隶之间的界限。之后，这个国家又专注于一种法律也无法修正的正义，即调和人的梦想与现实的矛盾。

废除奴隶制后，“自力更生的人”这一古老的概念受到了冲击。奴隶制的废除验证了美国式生活的两个主要原则，即平等和林肯所说的“自由的新生”。[4] 消除自由和奴役这种二元对立为“成功与失败”赋予了更大的压力——对成功与失败的判定不再依赖经济状况，而是更大程度上由个性、能力和愿景决定，这也成了生活的意义。[5] 道格拉斯不仅在国家正义层面上发声，也在这种调和对每个人意味着什么的层面上发声。

道格拉斯认为，人生的道路就像“从同一个点射出的一千支瞄准了同一个目标的箭”一样。离开起始位置后，箭“在空中散开”，只有少数继续朝着既定的目标飞去，就像他所说的那样——“静时不分伯仲”，“动时独步其中”。**美学的力量是弥合眼界和愿景之间的差距的关键，同时也是造成这种差距的原因之一。**

美学力量如何改变世界

是什么使人看到自身的错误、集体的失败、无法忽视的过错和感性的失误？亚里士多德说：“单靠争论是不足以使人成为好人的。”[6]理性并不能完全支配一切，就像奥德修斯也会被塞壬女妖的歌声引诱一样。耶鲁大学哲学教授塔马·亨德勒（Tamar Gendler）以此为主题进行了一场极具说服力的演讲，他讲述了不理性的人在生活中是如何思考的，并举例说明当人们站在科罗拉多河上游大峡谷山顶的一块玻璃上时会发生什么。从理性的角度来说，人们知道站在这块玻璃上是安全的，但是，仅仅是“受到视觉刺激的影响”，就足以引起生理上的反应，使身体止不住地发抖了。

正如朱诺特·迪亚斯（Junot Díaz）所说的，“使用特权会造成盲点”，还会让人对失败视而不见。于是，这就产生了定势效应——成功的代价是，它会使人眼盲心盲，看不到过去行之有效的方法在何时可能会不再奏效。面对失败，理性能为我们提供的出路十分有限，而游戏能帮人重新看待事物，就像避风港一样。但是，一次审美邂逅所激发的想象力可以使人臣服，使人为一个全新的自己让路。

美学的力量比逻辑能力更容易引起人们的反应，就像前面所讲的，美学的力量是如何使人优雅地接受脚下的大地移动了的事实一样。[7]建筑师路易斯·卡（Louis Kah）说：“艺术是一段通往最不为人知的事物的旅途，没有人知道自己的终点在哪儿。”

美学的力量可以改变眼前所见。当一段经历非常令人吃惊时，我们会产生想象并误以为那就是现实。在为马丁·斯科塞斯（Martin Scorsese）执导的《无间道风云》(*The Departed*）和《雨果》(*Hugo*）以及詹姆斯·卡梅隆执导的《泰坦尼克号》等剧情片工作时，奥斯卡最佳视觉效果奖获得者罗伯特·莱加托（Robert Legato）发现了这一现象。电影片段需要重现某些历史事件，但莱加托并没有忠实地再现这些事件。他根据观众的回忆，比如他们看到的、感觉到的以及相信在眼前的事物，编出了一些画面。他对观众如何看待这些场景非常好奇，他想让观众大吃一惊，唤起他们深刻而又强烈的情感，于是，如何与观众对话变成了一种实验、一种考验。在他为朗·霍华德（Ron Howard）执导的剧情片《阿波罗 13 号》(*Apollo*13）创作素材时，一名执行过美国国家航空和宇航局第七次载人飞行任务的宇航员以顾问的身份来到拍摄现场，想看看电影中描述的事件的真实性。看到片场航天飞机发射时的场景、旋转着的龙门起重机的手臂以及镜头中的画面时，这位宇航员觉得“哪里不对劲儿”。莱加托说：“我们对航天飞机的发射充满热情、敬畏和喜爱……这改变了我们眼前所见，改变了我们的记忆。”

或许有一天，哈佛大学心理学教授丹尼尔·夏克特（Daniel Schacter）对记忆的研究会改变人们对记忆在生活中的作用的看法。他认为，记忆不是简单地记录过去，而是“建立在用过去想象未来之上”，并且“记忆的灵活性能够将想象与现实混淆”。这可能会导致“虚假记忆”，也就是那些令莱加托震惊的记忆。考虑到人类的正向偏差，人们似乎更倾向于回忆那些对世俗有积极影响的东西，很显然，震惊会改变人们对世界的看法。

如今，乔纳森·海特（Jonathan Haidt）① 和萨拉·阿尔戈（Sara Algoe）等心理学家，已经开始衡量敬畏或崇拜如何促进慷慨和利他主义的产生了。似乎有一种“浩瀚”的感觉在激励着人们。[8] 哲学家先于心理学家关注到这个现象。从柏拉图开始，哲学家关心的就是人们对美学的反应是如何使认知防御边缘化的。2000 年前，朗吉努斯（Longinus）了解到，当被“高级语言”感动时，人们会做出类似于“狂喜”的事，而且这些事并不是在理性的“劝说”下做出的。[9]

托马斯·杰弗逊在巴黎看到让－热尔曼·德鲁埃（Jean-Germain Drouais）的作品《被囚禁的马里尤斯》（*Marius at Minturnae*）时，也感受到了这一点。杰弗逊曾写道：“我像座雕像一样被固定了一刻钟或半小时，我不知道究竟有多久，因为我丧失了所有的时间观念，甚至意识不到自己的存在。”

大约一个世纪后，托尔斯泰宣称，对艺术作品的反应赋予了我们力量，而这种力量是“所有外部手段，包括法院、警察、慈善机构、工厂质检”所不能赋予的。这就是济慈在“消极能力”这一概念中所描述的，抵抗裁决、忍受不确定性的能力。济慈认为，这种能力被“美”强化了，因为人们不仅利用这种能力“克服了所有其他的顾

① 想了解乔纳森·海特的更多观点，可参考《象与骑象人》，本书中文简体字版已由湛庐文化策划、浙江人民出版社出版。——编者注

虑”，还“消除了所有的顾虑”。

艺术评论家迈克尔·布伦森（Michael Brenson）提出了一个罕见的观点：“审美反应是不可思议的。数量惊人的心理、社会和历史信息交织成一个单一的连接电荷，以至于人类终其一生去思考都无法将其解开。”

允许一个全新的未来带着这些惊人的遭遇来到这个空间。一个来自得克萨斯州奥斯汀的叫小查尔斯·布莱克（Charles Black Jr.）的年轻男孩，在 16 岁的时候就有过这种体验。那是 1931 年，他去家乡的 Driskill 酒店参加一个男女混合的社交舞会。这是那个学期的第一次舞会。在那里，他被一幅从未见过的画面震撼了—— 一位他闻所未闻的小号演奏家、爵士音乐家闭着眼大声且陶醉地唱着各种音符、悲叹和十四行诗。布莱克说“这简直是前所未有的”，他的音乐听起来像是“对万事万物的彻底超越”。当时，有一位朋友和布莱克同行，他是“奥斯汀高中的‘好学生’”，他也感受到了这一点，并且觉得心里颇不宁静。音乐在他们脚下轰鸣。布莱克的朋友又驻足了一会儿，“他摇摇头，像是要把它们清理干净一样”，以便使自己从恍惚的状态中清醒过来。

布莱克说，事实证明，“路易斯·阿姆斯特朗（Louis Armstrong）不愧是小号演奏之王”，他是“我见过的第一位天才”，并且这位天才就住在一个布莱克童年时期特别瞧不起的人的身体里。这是“神圣而又庄严”的一刻。布莱克注视着这位天才，注视着这位天才“对力量的精确控制以及他的高度和深度”，同时也注视着他们之间的鸿沟。布莱克觉得，阿姆斯特朗仿佛在“守护精灵”、“力量”和抒情的指引下，“开阔了我的眼界，并在我面前摆出了一道选择题”——是坚持对人性的狭隘的看法，还是选择去拥抱一个更广阔的愿景？一旦做出选择，布莱克就再也不会回头了。**这就是美学的力量，它可以为我们创造一条清晰的前进路线以及一条可供选择的替代性路线。**

布莱克后来说，从某种程度上说，就是自那天起，他“走向了布朗案，即我的归属”。1954 年，布莱克加入了布朗诉托皮卡教育局案的法律团队，而该案件最终令美国最高法院宣告拒绝黑人学生入学的种族隔离措施违宪。因此，布莱克成为美国最杰出的宪法律师之一。

就像在高度机密的会议中接待不受欢迎的客人一样，虽然美学的力量可以让人进行自我修正，但它有时也会被“傲慢地驳回”。美学的力量一直以正义的形式隐藏着，所以布莱克从未忘记阿姆斯特朗带给他的改变。布莱克一直在哥伦比亚大学和耶鲁大学教授宪法，并且每年都会举办“阿姆斯特朗聆听之夜”，以此来纪念艺术在司法领域发挥的作用，以及那个让他有了内在愿景并改变了他的生活的人。

布莱克说：“在我所处的那个时代，伟大的艺术家……碰巧，跟我说话最多的那个人……曾经是并且现在也是路易斯。”无论是诗意的、优美的、抒情的，还是任何能把人带到这个空间的美好事物，都有一定的催化作用，而且是其他事物所缺少的。对布莱克来说，爵士乐再合适不过了，因为它建立在表达渴望之上，美国许多本土音乐中都有爵士乐的影子，特别是蓝调音乐。心碎的旋律代表人们相信生活会变得更美好，但在它苦乐参半的音调中，人们也提醒自己，有时候唯一的出路就是度过它。

道格拉斯说："图像的力量与歌曲类似。只要给我一首某个民族的歌谣，我才不在乎是谁制定了律例。"美国的进步建立在两次被认为根本不可能的事情上，一次是修补断裂了的根基，另一次则是在与失败不断纠缠的过程中证明人们渴望更多的进步。无论是什么样的社会正义，都不仅来自批判和反驳，还来自与看似失败之事的斗争，比如困扰人们的事、厌恶的地方、在是什么与应该是什么之间的鸿沟。而引领人们越过这鸿沟的就是改变了的眼界。

美学带来创造与抗争

当一场美学邂逅改变了人们对世界的看法时，会有多少抗争应运而生呢？真正能打击黑奴贸易的，是废奴主义者的各种作品，而不是仅仅停留在逻辑层面的争论。例如，1789 年的画作《奴隶船内部结构》（*Description of a Slave Ship*）震惊了整个世界。英国奴隶船布鲁克斯号在伦敦的展品，以精确的图表展示了如何在法律允许的情况下，将 454 名男性、女性和儿童当作商品来运输，事实上，布鲁克斯号运载的人比这要多得多——多达 740 人。[10]

事实与想象之间的反差让人无法忍受，而这足以推动美国废除奴隶制，事情的发展也确实是这样的，这些都成了美国国会听证会上用到的关于非人道的奴隶制的证据。

1968 年，阿波罗 8 号在月球轨道上拍摄了一张名为《地球上升》（*Earthrise*）的照片，这既使人心生敬畏，又在推动环保运动的发展上起到了不可估量的作用。

看到卡尔顿·沃特金斯（Carleton Watkins）拍摄的约塞米蒂谷的照片后，林肯总统在 1864 年签署了一项法案，根据该法案，美国将成立国家公园管理局。

美学的力量与未完成状态的作品有类似之处。

> **被美学的力量征服时，人们会感到有一股动力随之而来，而在这之前，人都是不完整的。它使人认识到，自己的观点和判断需要进行修正。**

美学的力量能赋予这些时刻“弹性”和“可塑性”，正如伊莱恩·斯卡利所写的那样：“瞬间被美震撼，不久之后，大脑就会开始自动创造或回忆，并很快就会在这个过程中发现自己的极限，当然，如果还存在极限的话……”

道格拉斯从自己的生活中感受到了这一点。看到切萨皮克湾上的帆船后，出生在奴隶家庭的道格拉斯决定寻求自由，这是一种他从未有过的感觉。他站起来，“追踪”帆船的踪迹，直到它们沿着水流驶向大海。他想，有一天，他也会“涉水而去”，走上几百千米，去到美国的北方。[11] 到那时，他会用放在脚上冻出来的“裂缝”里的那支笔，把这些瞬间用文字记录下来——在马里兰州被奴役的冬天里，他的脚被冻裂了。道格拉斯写了一本自传来讲述自己的故事，也就是 1855 年出版的《我的枷锁与我的自由》(*My Bondage and My Freedom*)。这本书使他声名远扬，也是他的护身符——他逃到了英国，以逃避被抓捕和被奴役的命运。在上市后的两天内，这本书卖出了 5000 本。约翰·惠蒂尔（John Whittier）认为，这本书是“崭新的、真正的美国文学”之源，而且，绝不是只有惠蒂尔一个人这样认为。

道格拉斯知道，改变的关键在于通过对比而形成的思维。他说：“诗人、先知和改革家都是图像创造者，这种能力是他们获得力量和成就的源泉。他们通过对现实的反思来看待世界，并努力消除现实与理想之间的矛盾。”这种敏锐的洞察力已经远远超出了人类在看到图像时的反应，它描述的是蛹破茧成蝶的本质。

如今，人们生活在一个充斥着图像的世界上，美学的力量要么不言而喻，要么极易被忽视。所以，在他人毫无意识的情况下，我们可以借助图像真实的力量前进。道格拉斯是在一个人们无法忽视美学的力量的时刻发声的。后来，摄影、显微镜和望远镜的发明证实了以前只存在于人类想象中的一些东西。达盖尔摄影法出现后，有人开始试着拍摄月球的表面，拍摄那些能想象到但尚未完全看到的图像。[12] 从欺骗、欺诈到错觉，它们不断挑战着视觉独有的权威性。于是，人人都会问：“我怎么知道眼前所见的就是真实存在的？”聪明人需要能怀疑眼前所见之物的真实性，而想要公平公正地看待现实，就得接受视觉的局限性。

正是因为视觉失去了其独有的权威性，我们才有了丰富的想象力。不过，不能看到眼前的景象依然令人不安。1872 年，加利福尼亚州的财阀利兰·斯坦福（Leland Stanford）对马奔跑时是否可以四条腿同时离开地面十分好奇。彼时，逐格摄影法尚未发明，此事还无法定论。斯坦福聘请埃德沃德·迈布里奇（Eadweard Muybridge）拍摄马奔跑的照片。[13] 与达盖尔摄影法发明后的情况类似，当时，全世界的人都在试图拍摄肉眼无法完全看到的东西，比如月球上的景观。迈布里奇发明了一项定格物理运动的装置，由 12 台摄像机组成，每台摄像机之间间隔 60 厘米，放置在斯坦福位于帕洛阿尔托的占地 3237 公顷的庄园内。这些摄像机以 1/1000 秒的速度拍摄，由在跑道上飞奔的马匹触发。第三天，迈布里奇对这套装置做了调整，证明了马奔跑时“无支撑运动”的确是存在的。1878 年，该装置系统得到了完善，位于帕洛阿尔托的轨道也重新进行了测试。[14]

不过，人们关注的重点是由此产生的结果：迈布里奇后来发表了系列照片《动物的运动》(*Animal Locomotion*)，展示了人类的视觉无法捕捉到的其他运动，促进了电影的诞生。当然，人们或许会忘记它所要传达的东西——通过验证视觉捕捉到的行为而产生的奇迹无处不在。[15]

震撼是双向的，人们可能会在“微小”和“浩瀚”之中迷失。[16]通过显微镜，我们可以“发现一个迷人的世界”，并向世界提供一个“惊人的启示”。在19世纪与20世纪之交，因为一场意外事故而发现了X射线，它常常被认为是一条通往新的可能性的道路，被视为“一束崭新的光线，而在此之前，肉、木头、铝制品、纸和皮革都是一样的物质”。当时，许多人认为它就像“那些古老的阿拉伯小说一样神秘”。不仅科学发现挑战了视觉的假定准确性，从错觉画到P. T. 巴纳姆（P. T. Barnum）的马戏团，视觉娱乐活动也对视觉的假定准确性发起了冲击。世纪之交，这种“眼前所见之物的准确性的降低”，使人们更加重视那些无法完全窥见的事物。

在被感动的时候，所见和记忆的机制是人类走出濒临毁灭的方式。道格拉斯就依他所见，描述了人们创造现实的过程。

当我们接受视觉的局限是看到展开与深度的方式时，扭曲、扁平、水平的世界就会变得更加充实，变得和正义一样真实。过去，彩绘和印刷的图像色彩都很单调，但随着透视法的出现，图像的展示方式有了无限的可能性。[17]想要朝着公正的现实前进，无论是对集体还是对个体来说，都需要与内在的失败接触。完整的视觉体验，来自对当前和过去错误的视觉形式的认知能力。

◇◇◇◇◇◇◇◇◇◇◇◇◇◇◇◇

我参观了道格拉斯那座位于华盛顿阿纳卡斯蒂亚一座小山上的庄

园，从这里可以俯瞰美国国会大厦。我看到了形状不规则的书房，道格拉斯就在这里写演讲稿和书信，书房正对着三件东西—— 一个有玻璃橱窗的书架、一面贴满了照片的墙以及一扇能看到广阔景色的窗户。道格拉斯向来以四海为家，他住在阿纳卡斯蒂亚是一种政治性的行为，而非为了逃避。不过，有一个很奇怪的地方，那就是他的书房离正门旁边的客厅很近，并且没有门。道格拉斯把书房布置得井井有条，可以看出，他的生活与演讲的力量、创作图像的力量以及透过窗户可以看到的一个全新的想象世界是共生的。

房子后面有一间没有窗户的小屋，那是一座只有一间房间的砖房，只有约 10 平方米，这是道格拉斯按照他出生时住的奴隶小屋的样子而建造的。外面的山顶上有一块草坪，这里就像是道格拉斯生命中的分界线，右边是一片绿色的马里兰州，是他出生并被奴役的地方；左边是华盛顿州，是他成为一个显赫人物的地方，也是他向美国参议院提出法案的地方。去世后，道格拉斯的遗体被安放在了美国国会大厦。[18]

道格拉斯说，他十分肯定，这个话题需要得到进一步的探讨。他曾这样说：

> 也许有一天，图像对人们思想的影响力会为那些比我更有能力的人提供一个主题，让他们能够公平公正地看待它的力量。

从那以后，这一想法超越了时间的界线，由当今时代的国家领导人和思想家继续阐述。

> **如果低估了美学的力量，那么人类失去的就绝不仅仅是天赋和表达的自由，还有从自己都没意识到的失败中振作起来的方法。美学的力量不仅是一种感觉、一种奢侈的生活或者从生活中得到的片刻喘息，还是从经验中收获愿景以挣脱荆棘之路的重要方法。**

在写这本书的时候，我的一位摄影师朋友提出了一个很恰当的问题，即如何看待所谓的失败、可疑的开端以及几乎不可能发生的转变。答案是：**找到尊重失败的方法，不让自身可以从中挣脱的道路被遮挡，就让失败发生，毕竟它已成为人的生命和生活中不可或缺的一部分。**感受到由失败唤起的不平凡不仅是以反向思维看待世界，在多数情况下，只有通过失败，我们才能创造幸福的生活。

尾注

[1] 能够帮我们理解美国南北战争期间的残酷的，莫过于德鲁·G. 福斯特（Drew Gilpin Faust）的学术研究著作《这受难的国度：死亡与美国内战》（*This Republic of Suffering: Death and the American Civil War*）。这本书使我们能更准确地理解为什么道格拉斯对图像的看法会如此不同寻常和深刻。战争是一件非常沉重的事情，而图像不仅是一种纪念，更能让人看到很多无法想象的画面，比如战时生命的逝去。

[2] 后来，海德格尔将这描述为一副“世界图景”。W. J. T. 米切尔（W. J. T. Mitchell）认

为，西方哲学的关注点是图像而非文字。如果说米切尔为他所说的“元图像”做出了辩护，指出这些图像上虽然没有信息，却能激发人们去思考它是如何产生意义的，那道格拉斯则进一步说明了这一点，向世人展示了图像是如何改变现实的。

[3] 道格拉斯对林肯的评价也是如此。在道格拉斯最著名的演讲中，“自力更生”被提了 50 多次，他详述了不可思议的“自力更生”的人们的崛起，也提到了失明的弥尔顿。巨大的收获和辉煌的成就是人类的功劳，也是虚弱、纤细的身体的功劳。钱宁（Channing）身体状况不乐观；弥尔顿失明；蒙哥马利身材矮小，还有点女性化的特征。但对这个世界来说，他们比 1000 个桑普森（Sampson，美国前职业篮球运动员）都重要得多。这次演讲以林肯的事迹结束，他在这次演讲中特别强调了林肯的事迹。

[4] 道格拉斯从一开始就阐明了，所有人都是相互依存的，完完全全的“自力更生”不可能存在。我们所珍视的一切，“不是从同时代的人那里获得的，就是从那些在思想和发现领域领先于我们的人那里获得的。我们要么乞求，要么借，要么偷”。此外，道格拉斯还将两性都包括在内。毕竟，直到生命的最后一刻，他都在为妇女争取选举权做演讲。道格拉斯认为白手起家的人是那些通过有序、持续的勤奋，展示了“人性的最大可能性，且不论是什么肤色和种族”的人。没有人是完全“白手起家”的，道格拉斯认为，这是一个谜，这些崛起是“没有预兆且意想不到的”。

[5] 在美国南北战争后的这一时期，励志小说在美国流行起来，而失败和成功都与金钱不再有关系。正如弗朗西斯·克拉克（Francis Clark）所描述的那样，“富人不是真正成功了的人，穷人也不是真正失败了的人”。从一定程度上来说，这一事实与“镀金时代”共同财富的增加多少有些关系。南北战争期间，美国只有少量的百万富翁，而到 1892 年，美国出现了 4000 个百万富翁。到了 19 世纪后期，受到了广泛批评但意义重大的新思维运动（New Thought Movement）出现，而这时的核心，则变成了理查德·韦斯（Richard Weiss）所说的“个人自我导向的力量”。

[6] 亚里士多德对此做出了更全面的描述：“如果理论本身就足以让人变得更好，那它们就该得到嘉奖，正如泰奥格尼斯（Theognis）所说的，我们应该给予褒奖。但事实

上，虽然它们足够强大，可以鼓励和激励那些拥有自由思想的年轻人，也能赋予人们慷慨的灵魂，让人在美德的咒语下迷恋高贵，但它们无法激励人们做出勇敢的行为……很难通过论证去改变性格的固有特征。”

[7] 在这里，我想谈论的是美学的力量，而不是在道德上争论图像是如何运作的。我承认，很多人利用图像为各种与人类发展背道而驰的目的进行宣传。很多学者在研究这一问题，但在这一章，我不会在那些例子上花太多的笔墨，而是会为诸如此类的负面例子寻找一个安定器，以提醒人们审美的力量能够并将继续激励人们。这种有关审美的力量的观念与禅宗所说的“顿悟”同源。

[8] 这一理论借用了托马斯·杰弗逊的哲学观点。杰弗逊说，在他看到让-热尔曼·德鲁埃的画作《被囚禁的马里尤斯》后，无论是“真正看到的还是在想象中”的图像，都对他产生了催化作用。关于这一点，最著名且经常被嘲笑的研究或许是佛罗伦萨综合征，也被称为司汤达综合征。1817 年，司汤达在佛罗伦萨的圣十字教堂产生了被征服的感觉，精神病学家格拉齐耶拉·马盖里尼（Graziella Magherini）将这称为司汤达综合征，并在《那不勒斯和佛罗伦萨：从米兰到雷焦的旅行》（*Naples and Florence: A Journey from Milan to Reggio*）一书中有描述。马盖里尼想知道对美学的压倒性力量是否有可测量的反应，并在《司汤达综合征》（*La sindrome di Stendhal*）中对此进行了研究。

[9] 这句话的全文是：“高级语言对观众的影响力不是去劝说，而是去传递。”但是，与柏拉图一样，朗吉努斯对区别高级快乐和低级快乐非常感兴趣。还有一些人，比如柏罗丁（Plotinus），他们的审美感受是以频谱为基础的，这种审美感受使人能在生活的其他领域享受到美。亚伯拉罕·马斯洛（Abraham Maslow）在对高峰体验的研究中也考虑到了敬畏之路，威廉·詹姆斯（William James）则将这种敬畏等同于健康，但他将其局限于宗教中。

[10] 废奴主义者托马斯·克拉克森（Thomas Clarkson）根据一份奴隶船计划的假设投影创作了《奴隶船内部结构》这幅画。1788 年，美国《奴隶贸易管制条例》（*Regulated Slave Trade Act*）规定，船只运输的奴隶人数的上限是 454 人。

[11] 16 岁的时候，道格拉斯就因为敢于抵抗、不屈从于监督者而获得了尊严，但他认为，这一切都基于给予了他自由的远见。

[12] 在达盖尔公布了他的发明后，不到一年的时间内，约翰·W. 德雷珀（John William Draper）就利用达盖尔摄影法拍摄了月球。

[13] 画家罗莎·博纳尔（Rosa Bonheur）的作品广受赞美，因为人们认为它真实地描绘了马在运动中的动作和姿态。在她的作品《马市》（*The Horse Fair*）中，我们能看到超越相机或肉眼能力的动作和速度。1877 年，这部作品被捐赠给美国大都会艺术博物馆。1878 年，迈布里奇在旧金山举办了名为“马跑起来的动作”（Motion of the trotting horse）的讲座，后来又于 1882 年 4 月 4 日在英国皇家艺术学会发表了演讲，在这几次演讲和讲座中，迈布里奇都将博纳尔视为艺术领域中失败的典范。

[14] 直到 1878 年，迈布里奇才建立起一个更完善的装置系统。后来，迈布里奇又去了帕洛阿尔托，复制了这个测试，并由此诞生了迈布里奇著名的系列照片《动物的运动》。

[15] 莱亚（Leja）也将这一时刻的力量描述为展示肉眼看不到的事物，并建立起一种对人体极限的不信任。艾蒂安-朱尔·马雷（Étienne-Jules Marey）将迈布里奇的这一摄影法称为连续动作摄影（chronophotography）。

[16] 威廉·卡彭特（William Carpenter）说：“在细枝末节的极致而不是浩瀚的极致中，有一种东西是同样美妙的，难道不能说它是雄伟的吗？”

[17] 15 世纪，意大利建筑师菲利波·布鲁内莱斯基（Filippo Brunelleschi）在建筑测算过程中发现了透视法。

[18] 查尔斯·切斯纳特（Charles Chesnutt）曾写道：“美国参议院有人提出了一项决议，认为弗雷德里克·道格拉斯之死带走了最杰出的一位美国公民，他的遗体应该在星期日躺在美国国会大厦里。”

06

盲点

在不可能中寻找可能

FAILURE BECAME NOT THE OUTCOME, BUT THE REFUSE ATTEMPT.

失败不是结果，
拒绝尝试才是彻底的失败。

如果一罐智慧被打破，那它就会溢到世界上，也会渗透到每一个角落，让每个人都能接触到。

——艾尔·安纳祖（El Anatsui）

人一旦达到一定的高度，就会出现盲点。在曼哈顿下西城的深谷，也就是第十大道上方，有一条 2.5 千米长的铁轨。之前，这条似乎挂在空中，结实又隐蔽，还涂着油渍的小路几乎要消失不见了。从表面上看，它的外形没有太大的变化。大约一个世纪前，为了运送肉类、奶制品和农产品而修建了这条铁轨。起初，把它保留下来只是为了纪念，但这似乎令很多人无法接受。20 世纪 60 年代，这条铁轨的部分高架桥被拆除，1980 年，它被彻底停用。不过，几十年来，它一直都是建筑师梦想中的改造项目，甚至可以说是圣杯一样的存在，但纽约市历届市长都想拆除它。

为了避免被排泄物“轰炸”，纽约市切尔西街区的行人常常会在这条老化的铁轨下逃命似的奔走，一路上堆满了残渣和污垢，据说，夜晚铁轨上还会传来狂欢声。从很大程度上来说，如何扩大其规模并进入那条空中轨道是未知的。或许一切都在黑暗中开始，但从地面上看，它投下的阴影太黯淡了。关于这条铁轨，曾经不是一个“是否拆的问题，而是一个何时拆”的问题，直到有一位叫乔尔·斯滕菲尔德（Joel sternfeld）的摄影师花了一年的时间记录那里的情况，这个问题才有所改变。

铁轨上的泥土中长满了野胡萝卜花、蝴蝶花和随风飘荡的青草，旁边还有硬木臭椿树，几十年来，铁轨早已因为厚厚的铁锈而变得锈迹斑斑，这场景如梦似幻。在这里，钢铁扮演了一个欣欣向荣的花园的主人的角色，展示出了对其不寻常的根源的忠诚。这儿有一座建筑物窗户外面的土地上生长着一些郁金香和一棵松树，寒假时，这棵松树还被安上了路灯。在这座建筑的左边，可以看到哈得孙河和自由女神像，右边则可以看到马路、高楼和第十大道。穿过齐腰高的野胡萝卜花，就仿佛看到了“曼哈顿中心的另一个世界”。那是一片荒凉的景象，就像德国人说的 ortsbewüstung 一样，有一种回归自然的感觉。[1]

乔舒亚·戴维（Joshua David）说：“你认为隐藏起来的东西是微小的，其实这恰恰就是它们隐藏的方式。实际上，这个藏起来的东西是巨大的。在纽约市，就有一个巨大的隐藏起来的空间，不知何故，它一直没有引起人们的注意。”戴维和罗伯特·哈蒙兹（Robert Hammonds）一起建立了一个非营利组织来尽全力保留这条铁轨——他们称之为高线。

建筑师利兹·迪勒（Liz Diller）告诉我：“这是一种美妙的回避，很可怕，因为你会发现，自己在向前看的同时，也在回头看。”迪勒等人计划把高线改建成一个公共空间，这个项目由菲尔德设计事务所（Field Operations）的主创设计师詹姆斯·科纳（James Corner）、荷兰种植设计师皮特·奥多夫（Piet Oudolf）以及迪勒、斯科菲迪奥与伦弗罗设计工作室（Diller, Scofidio + Renfro ）共同完成。还有些人提出了其他的建筑计划，比如把高线变成一条能骑自行车、有艺术画廊和餐馆的“空中街道”。但在所有的计划中，只有迪勒的团队注意到了“这片废墟仍然充满着活力”。

乔尔·斯滕菲尔德是这里的“诗人守护者”，他对高线的描述是：“它更像一条小路，而不像公园，甚至比一条路更像一条路。”

生命沉潜时刻的微弱光芒

如果站在一定的高度或者远处，你就能看到一场新旧更迭的变换是如何在这条残破且富有争议的铁轨上开始的——经过人们的奋斗，这里从一处废弃之地变成了一处圣地。这里没有浮华，随着辛劳而来的，是闪着光的真实性。在那些高度赞扬岁月的文化中，有很多关于尊严和“沉思”的说法。在法国，人们曾经用一枚硬币微弱的光芒来判断冬季工作日的开始和结束，那是一个“没有光能区分图尔和巴黎的旧银币（一枚小硬币）的时刻”。无论是开始还是结束一段不寻常的旅程，都需要找到一种与之匹配的光泽。

若想要以全新的眼光看待事物，往往需要浴火重生。在古代贤者的有生之年，其伟大的作品往往没有被世人歌颂过。1891 年，担任海关检查员的赫尔曼·梅尔维尔（Herman Melville）在纽约港离世，他的遗孀抱怨说，《白外套》（*White Jacket*）和《白鲸》的版权毫无价值，它们“无法带来收入，也没有市场价值”。出版近 70 年后，《白鲸》才受到评论界的好评。在完成《白鲸》的最后几个月里，梅尔维尔同样充满怀疑并尖锐地预言了自己的命运：“即使写出了属于这个世纪的福音书，我也会死在阴沟里。”在我们能在预想的高度看到星辰之前，它们往往会先被几根点亮的蜡烛遮挡住。

生命中的沉潜往往发生在盲点中，所以人们经常会讲述那些仿佛隐形了的故事。就像统计中的二类错误[①]或者“漏报”[②]，当人们有证据，但看不出备选的假设是正确的时，这些沉潜就是一种感性上的缺失。在刚果民主共和国首都金沙萨的一场拳击比赛中，穆罕默德·阿里（Muhammad Ali）在第八轮比赛中击败了乔治·福尔曼（George Foreman）。虽然我们都知道这场比赛的结果，但鲜有人见过这个过程。当时，支持阿里的 60000 名观众中，大部分人都很失望，因为在前七轮比赛每轮 180 秒的时间里，阿里一直被福尔曼压着打。那时，福尔曼在练习用的沙袋上打出了一个洞的事早已不是新闻了。无论教练怎么吼叫，阿里都没能振作起来，更别说对拳击台附近的观众的叫喊声做出反应了。当时，包括演员乔治·普林顿（George

① 指本来正确的被拒绝了，也就是“弃真”，而一类错误是“存伪”。——译者注

② 指把不合理的判断成合理的，在医学上相当于“假阴性”。——译者注

Plimpton）、作家诺曼·梅勒（Norman Mailer）在内的很多人都在为阿里呐喊、加油。而在挨打时，阿里仍挣扎着在福尔曼的耳边说：“乔治，你就这点儿本事吗？”除了拳击台上的拳手，其他人都感觉不到被打和被喝彩之间的区别，因为它是在无声无息中发生的。

企业家萨拉·布莱克利（Sara Blakely）讲了这样一件事。小时候，她父亲对她在学校参加的活动非常关心，这种独特的关心方式给她带来了极大的影响。从某种程度上说，从父亲那里吸取的经验是她事业成功的一部分原因，帮助她在 41 岁成为最年轻的白手起家的亿万富翁。小时候的晚上，她一坐在家里的饭桌旁，父亲就会问：“今天，你有什么没做成的事情吗？”她和哥哥对父亲实话实说，比如在学校的体育选拔赛或者其他的什么活动中失败了。每听完一件事，父亲就会像其他家长夸耀孩子优秀的成绩一样夸奖他们。

有一次，布莱克利最亲密的朋友兼老师劳拉·普利（Laura Pooley）躺在她们合租的公寓的床上说：“布莱克利，你会成为一个改变世界的人物。”

那时，布莱克利想上法学院，但她两次参加法学院的入学考试都表现得很烂，她觉得自己已经失败了。于是，布莱克利回道：“但我还在推销传真机。”她带着传真机挨家挨户地推销，就这样干了 7 年。

普利说：“我知道，但这是你的命运。”

布莱克利是美国著名内衣品牌 Spanx 的创始人。2011 年，该品牌估值为 10 亿美元。她在 29 岁之前创办了这家公司，目前拥有该公司全部的股份。布莱克利是为数不多的几个没有依靠丈夫的收入或继承的遗产就创造了巨额财富的女性亿万富翁之一。

从很大程度上来说，布莱克利将这种转变归因于父亲在她童年时对失败这一概念的改造和定义。她很早就了解到：**失败不是结果，拒绝尝试才是彻底的失败。**

布莱克利童年时的餐桌谈话，现在以“失败大会”的形式继续存在着，这个最初在硅谷举行的峰会如今已开到了世界各地，从法国到澳大利亚，它帮人们“尽可能快地犯错”，并让他们公开谈论自己是如何犯错的。失败大会的规则是，不能谈论成功，只能谈论失败。

2011 年，Sun Microsystems[①] 的创始人、科斯拉风险投资公司合伙人兼首席执行官维诺德·科斯拉（Vinod Khosla）对聚集在旧金山一家酒店宴会厅的人们说：“在过去的 10 年里，这是我唯一一次打电话给别人，问我能否在他们的会议上发言。”过去几年里，PayPal 的联合创始人麦克斯·拉夫琴（Max Levchin）、社交游戏公司 Zynga 的创始人马克·平卡斯（Mark Pincus）、优步的联合创始人特拉维斯·卡兰尼克（Travis Kalanick）和科斯拉都曾经出席过失败大会并发表演讲，与会的还有其他科技企业家、投资者和创始人。

---

① 一家 IT 及互联网技术公司，已被企业软件公司甲骨文收购。——译者注

我在宴会厅的后排找到了一个座位，旁边坐着一个瘦削的男人，他有着一头金发，皮肤晒得黝黑，带着浓重的澳大利亚口音对我说，他是一名冲浪者、一名竖琴手，也是一名企业家。后来，他又告诉我，1994 年他以大约 2800 万美元的价格将自己拥有 500 万用户的网站 astrology.com 卖给了女性门户网站 iVillage。他来失败大会是为了得到一份有关什么事不可以做的清单，也想听一听常常失败的科斯拉和卡兰尼克的经验。

科斯拉研究过许多失败的事，所以他的见解要么是精炼而又富有洞察力的，要么就是精准地点明了这些事件中亟待说明的细微之处。卡兰尼克在演讲中表示，他正在竞选“年度最倒霉企业家”的称号。卡兰尼克概述了他 10 年间的工作，那一连串挫折如此令人震惊，几乎只要他谈到某件已经做了的事情，它就是以失败告终的。他刚上台的时候，用过午餐的人们都懒洋洋地朝舞台的方向挪动，除了时而发出同情的笑声，所有人都静静地看着。

卡兰尼克说：“问题是，失败的时候，如果你一直假装自己被失败打倒了，那它真的会压垮你。”他停了下来，低头看了看，用低到几乎无法被麦克风捕捉到的声音说：“我说得那么随意，那么轻松，‘它真的会压垮你’。也许我应该坐下来说。”他刚坐下，桌子就砰的一声倒了下去。

卡兰尼克说：“好吧，失败就这样发生了。”他仿佛突然想起了自己是在 500 人而不是 1 个人面前，他坐在一张倒下的桌子旁，回忆着人生中的痛苦和失败。“这就是我喜欢失败大会的原因，”他说，“不管我在这儿做什么，都没有关系。”

卡兰尼克留出了让观众提问的时间，他扫视人群，却没有料到大约有 50 个人举起了手。第一个人问的是有关他的心理健康的问题，以及他从何处寻求建议和指导。

卡兰尼克说：“我走了这么久，最初给我建议的人都认为我疯了。而最终，当我走到这一步时，已经没有人可以交流了。”

“还有其他的问题吗？”卡兰尼克问。

坐在我旁边的女人靠了过来。她一定注意到了，虽然多年来我一直在写有关失败的文章，但我仍需要提醒自己生命在沉潜时同样拥有暗淡的光芒。那时，我脸上一定有一种惊愕的表情。她碰了碰我的胳膊，低声说：“如果不能谈论那些事情，那这个失败大会还有什么意义呢？”

高线公园：从废弃之地到一种生活方式

在担任加拿大麦康奈尔家庭基金会（J. W. Mc Connell Family Foundation）的总裁兼首席执行官时，蒂姆·布罗德黑德（Tim Brodhead）在位于蒙特利尔的办公室里对我说：“如果我们很清楚地知道自己在做什么，那么50年后，我们不还是会说自己要去解决世界上的问题吗？”1995年以来，麦康奈尔家庭基金会一直专门为发展困难的项目提供资金支持。布罗德黑德说：“我们要么选择非常简单的问题，要么就自欺欺人地认为会有一个好结果。”

布罗德黑德是加拿大无国界工程师组织（EWB）最早的投资者之一。近些年，这家总部位于加拿大多伦多的非政府组织，开始敢于公开谈论自己在非洲撒哈拉以南地区的发展过程中遇到的挫折。几年前，除了发布年度报告，EWB还开始发布失败报告，将他们的信息披露水平提高到了许多组织会因为害怕资金流失而不敢披露的程度。

布罗德黑德说：“很多大型组织都是通过募捐维持运营的。主流观点是，公众不会理解这样的行为，因为我们的宣传是：如果你给我们捐款，那我们就会创造奇迹。当然，人人都知道这不是真的。”发展援助组织在为筹款进行宣传时，常常把信息简化为“只要给我们钱，我们就能解决问题。所以，如果你说‘给了我们钱，我们却无法解决问题’，那就等于说这是一个相当冒险的投资了。”

乔治·罗特（George Roter）、帕克·米切尔（Parker Mitchell）和阿什利·古德（Ashley Good）是加拿大EWB的联合创始人，他们共同经营着一个名为“承认失败”（Admitting Failure）的互动式门户网站——一个有胆量揭露其他非政府组织的失败的网站。作为工程师，他们接受过系统分析的训练，即预测潜在的失败。他们一直坚持一个信念：从某种程度上来说，他们之所以能取得突破，是因为当没有达到既定目标时，他们有充分的自由承认失败。加拿大 EWB 的自我批评具有开创性的意义，是推动该领域发展的最伟大的事件之一。

“在非政府组织工作了 16 年之后，我不知道有什么问题会以这样的方式提出来，”对于 EWB 的开创性做法，加拿大战争儿童协会的萨曼莎·纳特（Samantha Nutt）这么告诉我，“非政府组织常常会聚在一起，那种类型的对话可能会在这种场合下发生，但绝不会以大型、有凝聚力、多方面的形式进行。”

一个有关从替代性领域可以得到什么的集体新设想，能够促进转变的发生。在一次于曼哈顿西区举行的社区会议上，高线的联合创始人哈蒙兹和戴维也参加了，而且他们是会议上唯二反对拆除这条铁轨的人。与会的大多数人都“几近疯狂地想把整条铁轨都拆了”。当有人试图保留这条铁轨时，他们会变得愤愤不平。

有一段时间，所有关于如何把这条铁轨变成一条众人都能在此放松身心的地方的文件，都被时任纽约市议会议长的柯魁英（Christine Quinn）放在了办公室的一个文件夹里，这个文件夹被他称为“永远都不会实现的好主意”。斯滕菲尔德拍摄的那些锈迹斑斑、废弃不用的铁轨，就像泛着光的水晶，把这片风景变成了一种隐喻和一种对生活方式的看法，并且足以改变人们对这条铁轨的看法。果然，没过多久，那些文件就多得一整个文件夹都放不下了。

◇◇◇◇◇◇◇◇◇◇◇◇◇◇◇◇

没有一个词可以准确地描述高线对那些并非建筑师的人们的意义，也没有一个词可以描述高线周围的事物的重建过程。[2] 迪勒告诉我，这里的景观设计和控制在最小范围内的建筑干扰，都是为了在“忧郁与繁荣”之间找到平衡。

> *无论这中间的东西是什么，它都是不可言说的，而这也正是高线公园如此受欢迎的原因之一。*

迪勒说：“从某种程度上来说，高线公园之所以如此成功，就是因为它看上去很普通。”在高线公园里，除了向前走或者停下来看风景，其他的都是被禁止的。这是一个专门用来散步的地方，没有狗，没有自行车，没有任何轮式物体，这是“彻底的老派的做法”，旨在让人们做自己平常不喜欢做的事，比如花时间溜达溜达、看看过往的车辆。这里还有一个可以“俯瞰”的观景台，里面有一排排影院式的可以放下的座椅，有一个窗口，透过这个窗口，可以看到第十大道，而不是通过一块屏幕观看一部电影。注视脚下的小径和观赏眼前的景色，这就是高线公园全部的活动。

高线公园的小径几乎会无休止地延伸到岛上，它“永远都不会完工”。

似乎就是为了强调这一点，雕塑家艾尔·安纳祖在这条铁轨的西面，可以俯瞰天际线和哈得孙河的地方，绘制了一幅巨大的壁画——《断桥Ⅱ》(*Broken Bridge II*)。这是一幅三维空间画，差不多有城市的一个街区那么大，用扁平的消光锡和镜子通过娴熟的技艺以恰当的比例缩放而成。画的顶端融合了天空和陆地，“用这样的方式，你就不会知道镜子和天空相交的地方在哪里了”。

对我来说，走在高线公园中就像走在陆地上一样。在这里，真实的道路与新的、想象出来的地域交织在一起，彼此之间没有分别。这是一座提供了入口的替代性的桥梁，周围有很多人，他们在我身旁路过、嬉戏、闲坐或漫步，所有人都在享受着这个之前无法进入的地域。

尾注

[1] 正如约翰·斯蒂尔戈（John Stilgoe）所解释的那样，ortsbewüstung 是 ortswüstung 的同源词，它所表达的意思是“一种静默的荒野”。在英语中，没有一个“地道”的词能表达出相同的意思。在德语中，这个词指的是一种“荒野”的状态，关注的更多的是自然而不是人类的行为。

[2] 从技术上来说，这条铁轨只是得到了适应性的再利用或者说翻新，但从一开始，迪勒就深知，高线公园“不是一个公园，也不是一处建筑，而是其他的东西”。这个团队的目的是让它成为一个明晰的“模板，或者是以一种值得欣赏的方式对已存在的东西进行的翻译和改写”。

THE RISE

CREATIVITY, THE GIFT OF FAILURE, AND THE SEARCH FOR MASTERY

PART 3

第三部分　馈赠

打破传统

只有隔离公众判断，
才能做出自己的判断

TOO MUCH SUCCESS CAN MAKE YOU OVERCONFIDENT, AND THERE CAN BE A COST TO THE PERMISSIVE STATE THAT COMES WITH CONSTANT ACHIEVEMENT.

太多的成就会让人自负，
轻而易举的成功终究会让人付出代价。

人类如何面对无限？如何试着去理解那些不可理解的事物？通过清单……文化的起源。

——安伯托·艾柯

清单，看上去是一种十分单调的东西。人们生活在其中，并仔细观察着它。清单用重复的方式将逃避形式的东西串联起来，即使内容有不连贯的地方，人们也会紧紧抓住它不放。从荷马到乔伊斯，从但丁到惠特曼，人类早就在通过这种令人眩晕的线性形式了解宇宙了。[1] 尽管清单看上去很简陋，但它始终渗透在人类对文化的理解中，甚至体现在人类的 DNA 中。安伯托·艾柯说："无论你想在文化史中看点什么，都能看到清单的身影。"清单让人们的精神行走在无数条道路上，它的出现提醒人们，你需要评估眼前所见之物，否则就有可能会忽视很多东西。

在一次采访之前，著名演员梅里尔·斯特里普（Meryl Streep）向查利·罗斯（Charlie Rose）讲述了某个剧本带给她的一段恍若梦境的旅程："我想，这份清单一定在好莱坞的所有办公室里流传着，一定所有人都知道它。它就是'黑名单'，上面全是没有被拍摄出来的优秀剧本。"斯特里普停顿了一下，苦笑着说："而且可能永远都无法被拍摄出来。"斯特里普之所以知道这一点，是因为她曾经出演的一个电影角色就出自这上面的剧本。[2] 在好莱坞，那个电影剧本已经有很长一段时间没有得到任何关注了。直到被列入黑名单，它才引起了人们的注意，才有了全明星阵容并得以拍摄。

黑名单是获得真相的一种方式。很少有人会想到，那些打破常规的剧本都是好莱坞的高管认为极具价值，但制片公司为了规避风险而不愿意拍摄的。不过，登上黑名单后，大部分剧本的境况会有所改变。这份清单表明，许多没有得到拍摄的电影剧本其实都深受重要电影业交易者的喜爱。通过给予打破传统的事物以重视，黑名单改变了好莱坞电影行业的规则。

以 2014 年为界限，在过去的 12 部得到奥斯卡最佳编剧奖提名的电影中，有 7 部的剧本在黑名单上；在过去的 5 部得到奥斯卡最佳影片奖提名的电影中，有 3 部的剧本在黑名单上。黑名单已成为好莱坞的"影帝与影后制造者"，这对编剧来说也是一个机遇，尤其是对那些被乔迪·福斯特（Jodie Foster）称为把剧本写得太"古怪"而无法让剧本获得拍摄的编剧来说。

如果说美国编剧协会每年登记大约 50000 部新剧本，而各大制片公司每年只制作并发行 150 部电影，那也就意味着，正如《大西洋月刊》的斯科特·梅斯洛（Scott Meslow）所说的，“在所有条件都相同的情况下，一部剧本被拍成电影的概率只有 0.3%”。在黑名单首次亮相时，有 168 部电影剧本俨然在列，其中，有 68 部被拍成了电影。这简直就是一个奇迹——黑名单上的电影剧本，有 40% 甚至更高的概率能成功得到制作和发行。

我在洛杉矶停留，就是想弄清楚为什么黑名单的创始人不愿意透露姓名，以及为什么一份简单的清单就能改变一个行业。

好莱坞剧本黑名单

在 Soho House 俱乐部，黑名单的创始人富兰克林·伦纳德（Franklin Leonard）低头看着玻璃幕墙房间里的桌子，桌子上有一幅洛杉矶日落大道的鸟瞰图。伦纳德把他的紫铜色长发从肩膀上拨开，告诉我：“我只是一名信息收集者。”他的动作迅速又帅气，说他很感激能有一份离镜头很近的工作。我与伦纳德的大部分谈话都是通过电话或者是在饮酒后进行的。他那羞怯和克制的野心与我刚进入哈佛大学时一模一样，但时隔一年，他成了负责人背后的那个人。

伦纳德创建黑名单是为了能胜任莱昂纳多的制片公司 Appian Way 的开发主管一职。两年来，他一直对与黑名单相关的东西保持匿名的状态。但人们的好奇心实在是太强了，2007 年，一名记者认出了他，后来，伦纳德成了威尔·史密斯（Will Smith）的制片公司

Overbrook 娱乐公司的创意事务副总裁。

这一切都是从一封匿名电子邮件开始。2005 年，伦纳德匿名写信给他在好莱坞的 75 名同事，请他们把自己最喜欢的 10 部剧本寄给他。他提出了 3 个条件：第一，他们必须喜欢这些剧本；第二，这些剧本在当年不可能被制作完成并上映；第三，在过去的 12 个月里，有一部分人知晓这些剧本。几乎所有人都按邮件要求做了，只有 3 个人拒绝了，但另有其他的少数几个人加入。最后，总共得到了 90 部剧本。然后，伦纳德根据每部剧本获得的投票数制作了一个排名表，用“Excel 上几个简单的指令”将这些信息整合了起来。2005 年 12 月 15 日，伦纳德为这个排名表取了一个“含糊不清的名字”，以匿名的方式把它发给了参与投票的所有人。

伦纳德之所以给这份排名表取名为“黑名单”，是因为他想反驳黑色代表不受欢迎的观点。身为佐治亚州一所中学的一名非裔美国学生，伦纳德还记得，有一位老师在谈论文学中的象征意义时告诉全班同学，白人通常被认为是好人，黑人则往往被认为是坏人。

“那位老师对黑人并没有种族歧视。”他解释道，这里包含的东西远比种族歧视更多。“如果看到一个头戴白帽的牛仔，那么你可能会觉得他是一个好人，但如果看到一个头戴黑帽的牛仔，你则可能会觉得他是一个坏人。我记得当时我就在想，我不喜欢这个含义。”作家詹姆斯·鲍德温、电影学者曼西亚·迪亚瓦拉（Manthia Diawara）以及其他任何一位艺术家、诗人和学者，都不曾在文学和电影的色彩符号逻辑上带来振聋发聩的影响。这种颜色标识逻辑植根于《圣经》，将黑色等同于黑暗和邪恶，将白色等同于纯净和光明。[3]

就像建筑师戴维·阿贾耶（David Adjaye）致力于巧妙地运用他著名的黑色建筑来改变传统观念中颜色的象征意义一样，比如为艺术家洛娜·辛普森（Lorna Simpson）和詹姆斯·卡斯贝尔（James Casebere）设计的建筑，伦纳德也把清单上对黑色的联想变成了陈述性的东西。第一年，清单开头写的名字是“黑名单”，很轻易就能让人意识到其中的讽刺意味。第二年，名字变成了“黑色是另一种白色”。2010 年，名字引用了 Jay-Z 的一句歌词：“一切都是黑色的。”伦纳德说：“我试图通过一种非常微妙的方式，让人们以一种积极的态度看待黑色。从某种程度上说，好莱坞接受了这种改变。”

人们称赞伦纳德微妙地颠倒了肤色的象征意义，特别是在权力常常被一种肤色的人独享的行业中。奥斯卡获奖影片《珍爱》（*Precious*）的执行制片人利萨·科茨（Lisa Cortes）说，她“喜欢这种看似具有颠覆性，实际上却能赋予人强大力量的词”。她接着又说：“现如今，有一个道理大家都明白，那就是，今天处于边缘的东西或许明天就会成为主流。”尽管强调那些不可能得到拍摄的剧本赋予了黑名单一个巧妙的政治观点，但自诞生之日起，这就不是它主要的意图。如果一部作品因为缺乏公众的赞誉而濒临失败，这产生的影响可能会比人们意识到的大得多。

在发出清单之后，伦纳德就去度假了。此时，黑名单在好莱坞已经流传开来了。威廉·莫里斯奋进娱乐公司（William Morris Endeavor）的经纪人克利夫·罗伯茨（Cliff Roberts）有一位客户的作品在2005年的黑名单上，他说："每个人都在办公室打电话讨论清单上的剧本的顺序。""开发社区的交易停止了"，因为经纪人都在读那些免费、不加修饰、被暗暗喜欢着的剧本，并且其中很多都是没有被制作发行的。有数百人给伦纳德发送电子邮件讨论黑名单的问题，却没有人知道正是他创造了黑名单。有些经纪人甚至会打电话向伦纳德推荐客户，说自己能确信，这位客户的作品一定会被列入明年的黑名单。当然，这是不可能的。

导演和编剧也十分关注黑名单。《珍爱》的导演李·丹尼尔斯（Lee Daniels）告诉伦纳德（他不知道伦纳德就是清单的创建人），他每年都会与朱利安·施纳贝尔（Julian Schnabel）及王家卫通一次电话，讨论黑名单上的剧本。

因为一封匿名电子邮件，那些没有得到过任何关注或好评的剧本被重新排序、编排，成为值得一看的剧本。至此，一个机构诞生了。

在度假的过程中，伦纳德查看了电子邮件，对发生的事情有了一定的了解。诚如他所言，他的匿名清单"确实被转发了很多次，每个人都在想：'天哪，这是一份什么文件啊？'"

"你对现在大家都知道黑名单有什么看法？"我问伦纳德。

“我的天哪，我要被炒鱿鱼了！”

黑名单暴露了电影行业的一个裂缝，那就是，不成文的法则会向人们施压，要求他们遵循过去取得成功的特定模式。当然，每个领域都存在这样的裂缝。

图 7-1 是 2005 年，也就是第一年发布的黑名单的一部分，图中截取了得票超过 6 票的剧本。

THE BLACK LIST			***2005***
twenty-five mentions			
THINGS WE LOST IN THE FIRE	Allan Loeb	CAA	Carin Sage
twenty-four mentions			
JUNO	Diablo Cody	Gersh	Sarah Self
fifteen mentions			
LARS AND THE REAL GIRL	Nancy Oliver	UTA	Tobin Babst
fourteen mentions			
ONLY LIVING BOY IN NEW YORK	Allan Loeb	CAA	Carin Sage
thirteen mentions			
CHARLIE WILSON'S WAR	Aaron Sorkin	Endeavor	Jason Spitz
ten mentions			
KITERUNNER, THE	David Benioff	CAA	Todd Feldman
nine mentions			
FANBOYS	Adam Goldberg	WMA	Ken Freimann
POWER OF DUFF, THE	Stephen Belber	BWCS	Todd Hoffman
eight mentions			
AGAINST ALL ENEMIES	Jamie Vanderbilt	Endeavor	Adriana Alberghetti
seven mentions			
A KILLING ON CARNIVAL ROW	Travis Beacham	WMA	Cliff Roberts
PEACOCK	Michael Lander & Ryan O. Roy	Endeavor	Ella Infascelli-Smith

图 7-1 富兰克林·伦纳德在 2005 年发布的黑名单截图

在 2005 年黑名单上的前五部剧本中，有两部后来拍成的电影获得了奥斯卡提名，分别是迪亚布洛·科迪（Diablo Cody）的《朱诺》（*Juno*）和南希·奥利弗（Nancy Oliver）的《充气娃娃之恋》（*Lars and the Real Girl*）。在上黑名单之前，这些剧本都是由当时不为人知、默默无闻或者初出茅庐的编剧创作，并且被电影制片人和制片公司忽略了的。如今，这些编剧中的很多人都在电影行业拥有了崇高的地位。[4]

在想出创建黑名单这个主意前，伦纳德已经读了三个月的烂剧本，甚至开始怀疑“这要么是我不擅长的工作，要么就是我该赶紧辞职并远远避开的工作”。想要找到好的剧本，就像手动收割一整座大山上的庄稼一样。伦纳德说，如果一个人每天的工作只是读剧本，那他一年也许能读 1000 本，可即便是读的最多的一年，伦纳德也只读了 500 本。对他来说，要在 50000 本剧本中找到那并不好找的 150 本，简直就像“走进一家会员制的书店，里面有世界上最好且独家的书，但它们都按书名的首字母顺序排列，并且所有书的封面都是一样的。你的工作，就是找到最好的那本书”。

“那些剧本有多烂呢？”

伦纳德回答：“以我从某位经理那儿拿到的一个剧本为例吧。这位经理打电话告诉我，他手上有一个电影剧本非常适合莱昂纳多。当然了，我每个星期的星期二和星期四都会接到这样的电话。”这位经理大致介绍了一下这部名为《超级风暴》（*Superstorm*）的剧本的剧情：如果莱昂纳多出演的话，那他饰演的男主角将会是一个石油公司的说客，他的女朋友则是哥伦比亚特区的一位气象学家。因为非洲海岸一场毁灭性的飓风将要摧毁从缅因州到南卡罗来纳州的美国东海岸地区，所以他的女朋友想结束彼此之间的关系。于是，心烦意乱的男主角开始对这场飓风进行研究，并发现它将会在穿越大西洋的路上路过一座活火山，使火山喷发出有毒的泥浆，而这些泥浆会变成一种生化武器，最后摧毁美国东海岸的所有文明。

“说到这里，我就拦住了那位经理，对他说：‘从根本上来说，就是莱昂纳多饰演的男主角对抗会摧毁人类的有毒泥浆，你简直就是在逗我。’我真希望这是我编出来的，但他说：‘好吧，听你这么一说，确实是很荒谬。’悲哀的是，因为这个行业的运作方式，所以我还是让那个家伙把剧本发给了我，读了前 30 页后，我才非常有信心地说：‘没错，这真是太烂了。’”

在这之前，伦纳德还面临着一件比读一堆烂剧本更糟的事：在一次与家人一起的度假中，他将不得不面对一个重大的人生问题——自从在一场改变了他人生轨迹的车祸中幸存下来，这一切就开始了。他脑子里有了一个念头，那就是得多去尝试。伦纳德从小就对成功形成了一种刻板的印象，即要么当医生，要么当律师。而从那以后，他的口头禅变成了“人生苦短，如果不喜欢，我就去找点别的事做”。

伦纳德读过简单的剧情摘要的剧本有很多，他的工作也从竞选组织换到新闻，再换到麦肯锡咨询公司。2001 年，他恰好在纽约，虽然挣的钱足够还清债务，他也在非营利文化组织的工作中找到了一些乐趣，但他还是感到了“一阵突如其来的痛苦”。伦纳德决定在整个分析师团队被裁员的前一天辞职，幸运的是，他又等了一天，最后得到了 5 个月的遣散费和医疗保险。

在那之后，伦纳德说："我让自己随心所欲地做点事。"他和三位室友一起在曼哈顿和布鲁克林闲逛，这三位室友分别是一位演员、一位剧作家和一位平面设计师，白天都没有工作。伦纳德说："不管有多么荒唐的计划，我们都去做。"在离开纽约前的最后几天里，伦纳德可以一下看三部从圣马可广场的金氏影音店租来的影碟，或者去联合广场他常常光顾的 Barnes & Noble 书店读与电影相关的书籍。当他走进书店，店员会告诉他楼上他常坐的那个位置是不是空着的。在一个下暴风雪的夜晚，《莫扎特传》(*Amadeus*)、《奇爱博士》(*Dr. Strangelove*)和《富贵逼人来》(*Being There*) 这三部电影他循环着看了一夜。凌晨 6 点，他走进卧室，订了一张去洛杉矶的机票。然后在一个星期以内，他找到了一份经纪人助理的工作，并且从那以后就一直待在洛杉矶。

我讲黑名单的故事，不仅是想说上面有多少成功的剧本，有多少剧本获得了奥斯卡奖或提名，也是想说，即便上了黑名单，也仍有许多剧本没有得到关注。它们之所以能登上黑名单，往往是因为"剧本和剧本之间的区别，也就是在没有得到行业肯定的情况下不断地被传阅，与未完成时就得到重视和资金支持之间的区别"。从制片公司决策的角度来看，黑名单上的剧本成功的概率都很大。这些剧本往往是基于怪异且小众的规范而写成的，但因为编剧设置了一个相对较高的标准，之后又将其消除，所以它们便打破了"剧本如果太过怪异就会没有市场"的既定预期。

黑名单中最让人难以置信的剧本之一是《充气娃娃之恋》，讲的是一个精神疾病患者的故事。故事的男主人公非常孤独，有一天他买了一个充气娃娃做伴，在这个故事中还有一个非常人性化的小镇，与患有精神疾病的男主人公相呼应。这部电影的编剧南希·奥利弗认为，黑名单“让人们开始喜欢它”。她说，在黑名单公布之前，“《充气娃娃之恋》已经被搁置了好几年，但它依然是一笔无形的财产”。

想象一下，让一位高管花宝贵的时间来读一个有关一个年轻人把充气娃娃当女朋友的剧本会是什么样子。伦纳德说：“我对自己的品位非常自信，但即便是现在，在去找詹姆斯·拉斯特（James Lassiter）①，说‘你读读这个剧本’前，我还是会质疑自己。”黑名单给《充气娃娃之恋》带来了很大的声望和曝光率，这部电影的主演瑞恩·高斯林（Ryan Gosling）说，因为它已经是“一个如此受人尊敬的剧本了……所以，在饰演这个人物的时候，我总是有点儿担心，无论何时向别人提起这件事，我总是说希望自己‘不要毁了它’”。[5]

英国剧本黑名单

2007 年，黑名单有了英国版，即“英国名单”。因为英国没有像好莱坞那样的电影制片公司系统，也没有其他系统的方式来吸引人们对剧本的注意，所以，英国名单一直在发挥着作用。英国名单的现任

① 伦纳德的同事，Overbrook 娱乐公司的联合创始人。

组织者亚历山德拉·阿兰戈（Alexandra Arlango）说：“从很大程度上来说，这就相当于去偶遇、了解或者认识合适的人。”虽然她很喜欢这个过程中的民主性，即“任何人都可以推荐或写一个剧本”，但她并不是唯一一个发现这个过程的松散性的人——即便是老牌的制片人，也很难找到资金支持，这“有点儿可怕”。[6]

2008 年，《国王的演讲》的剧本被列入英国名单，继而引起了好莱坞的关注。2009 年，《国王的演讲》又被列入黑名单。写《国王的演讲》时，大卫·塞德勒（David Seidler）觉得自己的职业生涯和其他几乎所有的事都“陷入了困境”。那时，塞德勒刚卖掉家里的房子，第二次婚姻也破裂了，还被诊断出患有膀胱癌，他沮丧极了。医生告诉他，即使是手术切除了癌变的组织，在 6 个星期内病情恶化的概率也高达 80%。于是，他把《国王的演讲》当成自己“最后的遗嘱”来写。

这是塞德勒的又一次尝试。40 岁时，他去过好莱坞，当然，“这个年纪的人大多都已经在考虑离开好莱坞了”，他在好莱坞经历了一系列差一点成功的尝试，却没有取得任何突破。一开始，塞德勒为弗朗西斯·F. 科波拉（Francis Ford Coppola）的《创业先锋》（*Tucker: The Man and His Dream*）写了剧本。但在接下来的 25 年里，他在美国一直接不到合适的工作，于是就在德国和新西兰拍摄电视电影。不过，这并不是他想要的工作。他原本有一个剧本计划，迈克尔·道格拉斯（Michael Douglas）和柯克·道格拉斯（Kirk Douglas）也打算参与，但这事并没有成功。塞德勒的剧本没有一个被搬上银幕，以至于他觉得：“我觉得这么想不对，但我真的开始感觉自己被诅咒了。”

谈到《国王的演讲》时，塞德勒说：“我必须做成这件事儿。如果做不成，那我的生命基本也就到头了。”他写了草稿，又扔掉，在手术后的 6 个星期内，他在租来的一间宝马山花园的房子里完成了剧本的第二稿。这部电影讲述了艾伯特王子意外登上王位，成为乔治六世，以及他在语言治疗师莱昂内尔·洛格的治疗下克服口吃的故事。

塞德勒也口吃。他出生在英国一个中上阶层的家庭，由一名照管人抚养长大。第二次世界大战期间，这位照管人在闪电战中失踪了，战争摧毁了塞德勒在伦敦的家，他从英国出发前往美国的那艘船也被德国的潜艇击中了。塞德勒不再相信自己的声音有力量，于是就变得结巴了。塞德勒的父母鼓励他听乔治六世的广播，他们说：“看，国王的口吃比你还严重呢。”[7]

塞德勒并没有向好莱坞的制片公司推销《国王的演讲》，因为他觉得没有什么机会。他告诉我：“如果我说要拍一部关于英国已故国王的口吃的电影，那他们肯定会随便问我一些别的问题，比如我抽什么烟、在哪能买到，然后就让我离开。我不用试就能知道结果。”塞德勒的经理说很喜欢这部电影，但他并不认为有大的制片公司会愿意投资，就连塞德勒的儿子马克也对剧本的主题充满了怀疑：“没有人会花一个半小时去看别人克服口吃的故事的。”

塞德勒把剧本寄给了杰弗里·拉什（Geoffrey Rush）的经纪人，

毫无疑问，他被拒绝了。于是，他把剧本寄给了他在康奈尔大学读书时的室友的侄子汤姆·明特（Tom Minter），而明特是伦敦的一名演员。明特把剧本给了一名叫琼·莱恩（Joan Lane）的制作人，莱恩负责为英国王室准备诸如女王的生日会之类的活动。过了一段时间，莱恩又把剧本拿给了 Bedlam 制片公司的西蒙·伊根（Simon Egan），而这个制片公司留下了《国王的演讲》的剧本。当然，他们对《国王的演讲》的期待其实并不高。在英国名单上看到这个剧本之前，哈维·温斯坦（Harvey Weinstein）是这么说的："我们希望能拍一部成本在100万到200万英镑的BBC第四台的电影，仅此而已。我们觉得《国王的演讲》会是一部不起眼的小电视电影。"

《国王的演讲》的制作成本只有 1500 万美元，而票房收入近 5 亿美元。该片获得了 12 项奥斯卡奖项提名，并将最佳导演奖、最佳男演员奖、最佳影片奖和最佳原创剧本奖 4 项大奖收入囊中。那一年，塞德勒 73 岁，是获得奥斯卡最佳原创剧本奖的人中年龄最大的。不过次年，伍迪·艾伦就打破了塞德勒的纪录，他们两人之间还有了个玩笑——"我告诉伍迪，上一个在 100 多岁获得奥斯卡奖的人是个坏家伙"。

降低从众心理对影视行业的影响

人们不再低估那些登上黑名单的剧本，这对一些人的职业生涯产生了巨大的影响。如今，大牌编剧的作品频繁地出现在这份清单上，有些人甚至开始怀疑，是不是有些经纪人为了让自己的客户得到足够的票数和支持而在背后操控着这份清单。

2009 年，一位评论者在《好莱坞头条》(*Deadline Hollywood*)上咆哮道："这不再是一份'最受欢迎'的榜单，而是一个'高管们在胁迫下做出的不情愿选择'的榜单。"还有些人将黑名单称为电影编剧和经纪人的人气竞赛。一位编剧以《社交网络》(*The Social Network*)为例，表达了这种不满的情绪——尽管当时已经在制作中了，但它仍然在 2009 年的黑名单上名列第二。一位博主说："我不知道黑名单创建时的精神是什么，但我从来没想过这原来是一种辨识阿伦·索金（Aaron Sorkin）和索尼影业已决定要制作的电影的方式。"

伦纳德提醒我，最早的黑名单虽然有几行文字写明了谁代表或者制作了这份榜单，但并没有说明剧本是否已经进入拍摄流程。后来，黑名单宣扬了这一点，他认为正是这种区别扭曲了人们的看法。在以前的黑名单上，剧本通常是未得到拍摄的，也没有其他人参与进来，如今，得到拍摄的和未得到拍摄的都有了。

黑名单的变化是不可避免的。伦纳德说，如果说它有什么问题，那就是像嬉皮士抱怨的那样，"既然每个人都喜欢它，那它肯定就不酷"；就像在电台司令走红之前，你会听他们的歌，但他们走红后，你又觉得"既然每个人都喜欢他们，那我在日落大道和锡尔弗湖开车时就不能听他们的歌了"。

黑名单如此醒目，对很多编剧来说，这个平台可以帮他们改变自己的整个世界。迪亚布洛·科迪的半自传式剧本《朱诺》是她第一次尝试写剧情片的剧本，她说，“没有人认为这部电影会引起轰动”，但它确实引起了轰动，而这很大程度上要归功于黑名单对剧本的曝光。这部电影的票房收入超过了 1.4 亿美元，科迪向斯科特·迈尔斯（Scott Myers）坦白说，在经历了长久的无名的沉寂后，她完全不知道该如何应对这突如其来的成功。不过，她认为这种程度的认可是很宽容的，而知道自己“能做任何想做的事”毫无益处。有一天，她承认自己犯了太多的“错误”，《朱诺》里的有些台词仍让她感到难堪。她说：

> 虽然这也是其魅力和吸引力之所在，但我写《朱诺》的时候其实并不知道该怎么写电影剧本，也不知道它会被拍出来！实际上，被拍出来只是一个假想。

这之后没多久，几乎科迪写的任何东西都能顺利得到关注，但是，轻而易举的成功往往会让人付出代价。

科迪说，太多的成就会让人自负，人们常常会“在顺风顺水时做出草率的决定。如果别人只对你说‘这个行’‘那个也行’‘一切都有可能’，那你真的会把事情搞砸”。

有些人因为黑名单而出名了，接着又担心自己的作品风格会因此而受到限制。例如，编剧乔舒亚·祖特曼（Joshua Zetumer）的《恶棍》(*Villain*) 出现在 2006 年的黑名单上，这是“一部关于一个人被困在恐怖的防火监视舱里的惊悚片”。祖特曼说：“之后，他们扔给我的项目连惊悚片都算不上，只是关于‘一个人被困于某地’的电影。他们会问我：‘你会写一部关于一个被困在电梯里的人的电影吗？或者，一个被困在阁楼里的女人的电影怎么样？’”当然，还保留着一个被困住的角色已经不错了，总比一个角色都没有要好。

不过，祖特曼也认为：“就其存在本身而言，黑名单让好莱坞变得更好了，而这就足够了。”

黑名单是如何变得如此强大的？毕竟，它终究不过是一份清单而已。伦纳德很谨慎，从不夸大黑名单在好莱坞的影响，但在我看来，他把黑名单安排得十分巧妙。仅靠研究或许无法解释整个行为，但我必须在这里简单地说一下——黑名单消除了人们的从众心理。20 世纪 50 年代，心理学家所罗门·阿希（Solomon Asch）通过研究证明，在毫不知情的情况下，人们往往会在以下这两种情况下完全放弃自己的观点：

- 当人们认为自己的观点与群体的观点不同时；
- 当人们必须大声说出自己的不同意见时。

阿希通过一个实验证明了这个观点。他让 8 名实验参与者在一个房间里进行简单的视觉敏锐度测试。被试并不知道另外 7 名参与者都是故意给出错误答案的演员。在测试中，组内每个人都要轮流大声地说出右边卡片上的哪条线段与左边卡片上的线段长度相等（见图 7-2）。

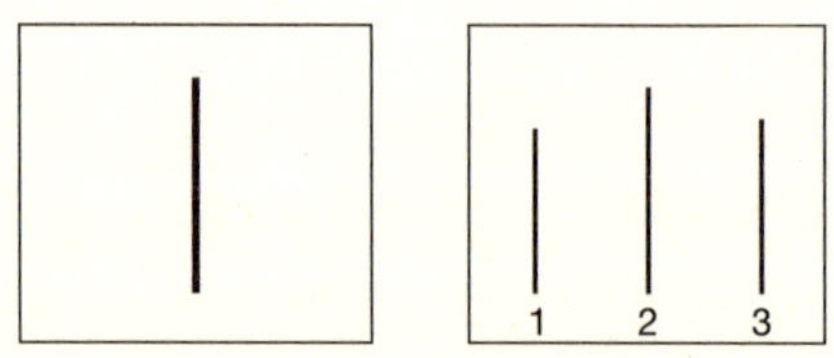

图 7-2　所罗门·阿希的从众实验

这些测试的答案都非常明显，如果被单独问到这些问题，没有既定的群体情境，那么，95% 的被试会给出正确的答案。然而，在这个实验中，大多数被试都会跟随他人作答，只有大约 25% 的被试给出了正确的答案。小组中的不同答案越多，被试犯的错误就越多。但是，在阿希公布了实验结果，被试了解到群体对自己的影响时，他们通常表示很少或根本没有意识到自己在测试中为了应对群体压力而改变了原本认为的答案。在其他情况下，他们称自己也不确定答案是什么。研究显示，**当处于少数群体中时，人们不仅会放弃自我，甚至根本就不知道自己在做什么**。

当人们决定坚持自己的不同意见时，身体就会有所反应。2005 年，在埃默里大学，神经科学家格雷戈里·伯恩斯（Gregory Berns）在通过功能性磁共振成像技术做从众实验时发现了这一点。伯恩斯想确定，当个体改变自己的观点以与群体保持一致时，大脑中会发生什么。伯恩斯通过研究发现，当被试给出的答案与组内其他人的答案不同时，他们的杏仁核会有更多的活动，从而引发人在恐惧状态下会有的“或战或逃”的感觉。在多数人面前坚持自己的观点需要勇气，这就等于去打破传统。

在电影行业的运作中，有很多从众心理的表现。例如，编剧必须让剧本无限接近于可以拍摄和发行的条件。而想要取得商业上的成功，就需要判断剧本是否符合过去电影的标准，就需要在公众面前表达意见并鼓起勇气表达异议。对那些不同寻常的剧本来说，事情就更困难了，毕竟，将一部不同寻常的作品与现有的作品做比较是不可能的。例如，制片人迈克尔·乌斯兰（Michael Uslan）说，《安妮：纽约奇缘》（*Annie*）是最常被拿来与他制作的蝙蝠侠系列电影做比较的电影。他带着多年挥之不去的恼怒说：“你知道的，那是在蝙蝠侠系列电影以外，他们能想到的唯一一部由漫画改编的电影，哦，小孤儿安妮[①]！”

伦纳德通过电子邮件和分发系统征求意见，此举消除了电影行业的高管们无形中的从众心理和表达异议时的恐惧。黑名单的匿名性创造了一个私人空间，使公众的判断变成了彼此隔离的信息交换。伦纳德并没有问什么剧本在商业上最有可能成功，而是问他们喜欢哪个剧本。正如电影制作人斯坦利·库布里克（Stanley Kubrick）所说的，黑名单降低了那些用于比较的基准的相关性，比如续集、超级英雄或更

① 《安妮：纽约奇缘》改编自 20 世纪 20 年代著名的四格漫画《小孤儿安妮》（*Little Orphan Annie*）。——编者注

程式化的剧本模型，而这样的剧本可以使制片公司将一切变得“形式化并复制成功”。[8]

在思考黑名单意料之外的力量时，有一个带有讽刺意味的事实是不能被忽视的——伦纳德一直在为威尔·史密斯的制片公司工作。威尔·史密斯已因为演技取得了商业上的成功，成为票房最高的电影明星之一，以及好莱坞为数不多的票房保证之一。20 世纪 90 年代，威尔·史密斯因《茶煲表哥》（*The Fresh Prince of Bel-Air*）开始被世人熟知，他曾经说过，虽然自己没法见到好莱坞的高管，但他的目标是“成为世界上最著名的电影明星”。

史密斯和他的搭档詹姆斯·拉斯特决定看看最卖座电影排行榜的前 10 名，并评估一下电影的发展趋势。拉斯特和史密斯都曾经想成为工程师，还差点儿被麻省理工学院录取。在评估中，他们发现了一个模式。2007 年，史密斯在接受《时代周刊》的采访时表示：“我们发现，100% 的电影都有特效，90% 的电影对人进行了特效处理，80% 的电影除了对人进行了特效处理，还有爱情故事。”

近些年，史密斯演了些什么电影呢？主要是外星人电影和爱情片，比如《黑衣人 2》（*Men In Black* Ⅱ）、《绝地战警 2》（*Bad Boys* Ⅱ）、《我，机器人》（*I, Robot*）、《全民情敌》（*Hitch*）、《当幸福来敲门》（*The Pursuit of Happyness*）、《我是传奇》（*I Am Legend*）、《全民超人汉考克》（*Hancock*）、《七磅》（*Seven Pounds*）。史密斯和拉斯特也意识到了国际票房收入的重要性。

> 在英国能拿到 3000 万美元，在日本能拿到 3700 万美元，在德国能拿到 1500 万美元，这些票房让制片公司对你的支持有别于对其他演员的电影的支持。

因此，每上映一部电影，史密斯都会在不同国家举办重要活动时去往那里，比如世界杯期间，巴西和韩国举行狂欢节时，他就去了那里。据说，自《独立日》（*Independence Day*）和《黑衣人》（*Men In Black*）之后，史密斯主演的电影都收获了很高的票房，每部至少 1.5 亿美元。这是其他演员目前都无法比拟的。

史密斯破解了电影的模式，他的调查结果说明了，为什么制片公司不愿意给那些优秀却不按套路出牌的剧本投资。而伦纳德的黑名单揭示了，为什么制片公司能从不按套路出牌的剧本中获益。

为矛盾领域中的优秀剧本提供平台

黑名单无意中暴露出了电影产业的一个弱点，那就是在收入和成本方面都面临着巨大压力的经济环境下，制片公司更倾向于做出保守的决定。黑名单使制片公司愿意投资高质量的剧本，而不是根据市场趋势和历史数据进行投资。它中止了所谓的“罗得之妻综合征”，即制片公司试图通过回顾过去的电影来取得成功。[9] 对金融家来说，黑名单可以为他们提供一定的证据来证明哪些剧本写得出色，这些剧本可能不具备大规模商业发行的条件，但如果电影制作精良，就很有可能成为高票房电影。

黑名单点醒了人们，价值不仅与超级英雄、续集或预售挂钩，一则质量上乘的好故事也能自证实力。黑名单的准则是：“祝贺那些与传统观念不一样的好剧本吧！”

这样的例子不胜枚举。例如，《贫民窟的百万富翁》(*Slumdog Millionaire*）曾经是一个笑话，伦纳德回忆说：“哦，是啊，那部有关一个想要成为百万富翁的印度青年的电影？这是个了不起的梦想，但你知道吗，那个剧本非常棒。”丹尼·博伊尔（Danny Boyle）因为《贫民窟的百万富翁》而获得了奥斯卡最佳导演奖，但在刚拿到剧本时，他拒绝了，因为他不想拍一部关于游戏节目的电影。不过，在看了 10 分钟剧本后，他改变了主意，“我告诉自己，这件事我一定得去做”。由于华纳兄弟旗下的制片公司华纳独立影片公司要被关闭，2007 年，得到黑名单的认可就显得尤其重要了。华纳兄弟甚至曾经考虑过直接将这部电影转成 DVD 发行。不过，在 2008 年的多伦多国际电影节上，《贫民窟的百万富翁》战胜了近 250 部入围影片，获得了人民选择奖；在 2009 年的奥斯卡金像奖上，它又获得了 10 项奥斯卡奖提名。

在接受《华尔街日报》记者米歇尔·孔（Michelle Kung）的采访时，伦纳德表示，这“向业内人士发出了一个信号，即某些剧本有被重新审视的价值”。哥伦比亚影业前总裁马特·托贝马奇（Matt Tolmach）创办自己的制片公司时，发现了 2010 年黑名单上奥伦·尤齐耶尔（Oren Uziel）的剧本《厨房洗涤槽》（*Kitchen Sink*），这是一个《早餐俱乐部》（*Breakfast Club*）风格的故事，从标题就可以看出，作者在这个剧本上倾注了自己的全部。托贝马奇很惊讶，竟然没有人发现这个好剧本。他说，发现这个剧本就像发现一个“在第一轮比赛中就被淘汰的天才儿童一样”。

通过降低从众心理对人们的影响，黑名单为那些存在于艺术价值和商业价值之间的矛盾领域的优秀剧本提供了一个平台。就像导演马丁·斯科塞斯所说的，不管他有多高多壮，群体所带来的压力都会把一个人的优点和受欢迎程度吞噬殆尽。

> 人们说你应该这样做，其他人也这么建议，确实，只要用了这个演员，你就有资金支持了。还有一些其他的威胁，比如说，如果不这么做，你就会没有票房；如果不那么做，你就永远都没有资金支持。

在这种压力下，创作出来的作品大多算不上优秀。黑名单是为数不多的赞美写作的圣地之一，这种赞美无须通过导演的视角或演员的表演来获得，甚至可以说，演员的表演往往会对原作有所曲解。

黑名单也可以帮助编剧面对公众的评价。编剧几乎每天都要进行一个有关自己作品的从众实验，这种情况常常发生在电影行业的招聘会上：一位编剧去应聘工作时，走进主管的房间，坐在沙发上，发现有两三个人正盯着自己，于是，这位编剧就给他们讲一个虚构的故事来勾勒电影的轮廓。诺厄·奥本海姆（Noah Oppenheim）的剧本《第一夫人》（*Jackie*）在 2010 年的黑名单上排名第二，他说，除了有点尴尬，因为要坐在沙发上创造一个虚构的宇宙，还有一些关于剧本的东西很让人受伤，尤其是很多时候他们会对你说，我们更喜欢别人的剧本。这时，你需要的是拒绝和坚持，不去理会那些认为自己的剧本不合格的声音。要做到这些，需要一种叫作“坚韧”或“信念”的东西，而伯恩斯的研究提醒我们，这需要的勇气比你想象的要多得多。这是一种恒定的自我校正。

黑名单还因其无法解释的性质成了一种有效的聚焦机制。就是在某一天，它就那样出现了。比起能解释的事件，人们似乎更倾向于思考谜团，尤其是那些以“黑色是另一种白色”为标题的事件。差一点成功的失败成了另一种成功。

黑名单数字化，是升级还是哗众取宠？

伦纳德已经将通过电子邮件发送的黑名单变成了一项定制的数字服务，根据受众的喜好，不断推出未拍摄的剧本名单。他调查的制片公司高管已增加到 650 人左右。如今，伦纳德的目标是把数字化的黑名单从概念上与“硅谷天使名单”等同，后者将投资者与初创企业联系了起来，伦纳德的目标则是向制片公司和投资者推荐他们通常找不到的好剧本。在这一点上，伦纳德与迪诺·西贾米奇（Dino Sijamic）有过合作。西贾米奇白天在塔夫茨大学学习编程，在阿卡迈技术公司（Akamai Technologies）工作的同时，还担任了黑名单的首席技术官。他用协同过滤与算法为黑名单建立了一个网站。

将黑名单数字化是为了让它更科学、更准确吗？

“是的，是有一点儿，”伦纳德坦白说，“我身体里的数学怪才展现了算法的潜力。自从在亚马逊上发现评级算法后，我就一直在研究这些东西。”我记得伦纳德曾经告诉过我，高中时，他是佐治亚州数学队的队长，也是第一位黑人队员。在我可以忽略伦纳德反复强调他真的是个数学怪才的话之前，他就对我说，在一位编剧经纪人的生日聚会上，他得知建立亚马逊评级算法的人也在场，于是就去向那人做了自我介绍，并对那人铺天盖地的一顿夸。直到现在，每当想起那件事，他仍然觉得尴尬不已。

考虑到服务器收集到的信息如何传递以及如何发挥审美作用，黑名单能否改变经纪人将客户与高质量剧本联系起来的方式？尽管伦纳德小心翼翼地不夸大黑名单的作用，但实际上，他也已经开始欣然接受黑名单在电影行业中的地位，它的潜力让伦纳德兴奋不已。

现在说黑名单将何去何从还为时过早。不过，在网站上线的前24个小时里，有1000多名专业人士在等着预订付费版数字黑名单。只要网站开始投放，用户就可以根据类型来筛选剧本。而且，只要用户回答了一系列类似于奈飞的调查问题，网站就可以为用户推荐他们可能会喜欢的剧本。该网站将允许编剧在有或没有经纪人的情况下将剧本上传到网站，同时，它也将成为电影行业的热门聚集地，当然，它对编剧也进行过深度采访。对伦纳德来说，黑名单网站是对那个噩梦般的没有封面又数量庞大的剧本库的摆脱。现在，黑名单网站已经对成千上万的用户进行了分类，他们可以根据之前的评级进行访问。

2012 年夏末，伦纳德离开了 Overbrook，将全部精力集中在扩大数字黑名单的覆盖范围上。也许会有人说，这是一个“实时”黑名单，“一个允许访问而非检查的滚动剧本竞赛”。

不断扩大的规模仍关乎打破传统的勇气。那些自己的剧本得不到关注，也不会想办法与市场抗衡的编剧激励了伦纳德。他承认，这是一种通过“精英主义的途径”来扩大准入范围的方式，这种方式虽不完美，但很强大。

对有些人来说，创建黑名单就足够了，但伦纳德似乎仍然在寻找，他试图缩小距离——那些被埋藏在海量剧本中的高质量剧本与那些本应看重这些好剧本的高管之间的距离。从某种程度上来说，我非常认同这种追求。在世界上搜寻一种人们看不到的东西，然后以一种清单的形式呈现出来，这是一场按主题和顺序在公众面前解析自我的秀。伦纳德的工作与另一个目标结合在了一起，即为剧本创造一个使其更容易被看到的平台。这个目标带来了比预期的结果还要多的东西：它消除了艺术和商业之间的一些动态张力，所以，在这个过程中，优秀的事物不会消失。

许多人对数字黑名单的扩张持乐观态度。事实证明，数字黑名单的确很受欢迎，它与美国西部作家协会有了合作。另一些人则明确表示，黑名单的意义和意图使伦纳德受到了一群作家的喜爱，而这些作家都是伦纳德仰慕已久却从未谋面的人。[10]

有些人更为谨慎，他们质疑这个网站的深度。阿曼达·潘多利诺（Amanda Pendolino）在她为有抱负的编剧准备的网站上写道："听起来可能很悲观，但我真的不能确定是否有成千上万的精彩剧本还在等待合适的人去欣赏。"她说，大多数编剧会认为，问题不在于"写一个好剧本"，而在于"找到一些喜欢它的人"。但根据她的经验，情况恰好相反。这条评论或许很适合作为黑名单的开头。

◇◇◇◇◇◇◇◇◇◇◇◇◇◇◇

在数字黑名单发布后，与伦纳德的交谈让我有了这样一种感觉：一个人正站在他曾经熟悉的产物之外，重新评估它。伦纳德很聪明，但也很疲惫。他的声音听起来就像那些好不容易才将作品公开展示出来的艺术家的一样，他们都明白，自那以后，作品就不再依附于作者而存在了。在有关数字黑名单的大量报道中，伦纳德先撰到了一篇负面报道，那篇文章说，"黑名单开始哗众取宠了"。伦纳德对此不屑一顾，或许是在反思曾有作品位列黑名单的编剧们也提醒过他的事情，他说："我明白，悲观是毫无价值的。"

尾注

[1] 参见乔伊斯的《芬尼根的守灵夜》、但丁的《神曲》、荷马在《伊利亚特》中为了展示希腊军队的实力而列举的长长的战船清单，以及惠特曼在《自我之歌》(*Song of Myself*) 中所列那看起来似乎是无穷无尽的清单。

[2] 这部电影指的是瓦妮莎·泰勒（Vanessa Taylor）所创作的《希望温泉》(*Hope Springs*)，讲述了一对夫妻试图拯救已持续了 30 年的婚姻的故事。当泰勒忙于各种各样的工作时，最常出现在她脑海中的想法是："甚至不会有人来读一下这个剧本，更别说把它搬上银幕了。"

[3] 詹姆斯·鲍德温批评《汤姆叔叔的小屋》使用了"黑色等同于邪恶，白色等同于优雅"的颜色象征主义。他认为，对"颜色"的认识应该是不同的，并试图从其消极内涵中重新找回黑色的"色彩"。

[4] 7 年的时间里，根据黑名单上的剧本拍成的电影在全球的票房收入高达 110 亿美元，共发行了 125 部剧情片。

[5] 在 2005 年的黑名单上，还有艾伦·洛布（Allan Loeb）的作品。洛布在好莱坞一直处于默默无闻的状态，在有两部剧本入选黑名单前五强之前，他都快要退出好莱坞了。而在这之后，他开启了作为好莱坞最多产的编剧之一的职业生涯。在这之前，他甚至认为自己应该回到芝加哥商品贸易所工作。在很长一段时间内，洛布都是"体系中最底层的新生代作家"。2004 年，洛布准备退出好莱坞。但在走之前，他决定再写一次，于是写了《遗失在火中的记忆》(*Things We Lost in the Fire*)，并成功登陆黑名单第一位。黑名单使这个剧本获得了一定的知名度，2007 年，它得到了制作和发行，并由哈莉·贝里（Halle Berry）和本尼西奥·德尔·托罗（Benicio Del Toro）主演。洛布的另一个剧本《纽约唯一活着的男孩》(*The Only Living Boy in New York*)，被选为 2005 年黑名单的第四名。在我写这本书时，洛布的名字已经成了一块招牌，经常以特别大的字出现在电影中的作家或编剧一栏。他已经成为好莱坞收入最高的编剧之

一，每部剧本的收入都超过 100 万美元。

6 最初的英国名单是由伦敦一位名叫雷切尔·霍尔罗伊德（Rachel Holroyd）的经纪人创建的，她对来自英国和爱尔兰的 40 位同事进行了调查，并将统计的投票结果发给了英国电影行业的从业者。后来，英国名单也变成了一个狂热的亲英派的术语，指关注英国所有被低估的人或物。甚至，英国名单这个词已经成为 2012 年 BBC 美国频道推出的一个节目的名称，这个节目每星期都会推出一份清单，内容从不同寻常的食物到不为人知的国宝，包罗万象，但无一例外，这些事物都应该"受到尊敬并闻名于世"，当然，现实情况并非如此。

7 根据塞德勒的回忆，他成功地运用"咒骂疗法"（expletive cure）写成了剧本，不过，剧中也用到了"谈话疗法"——塞德勒让剧中的人物洛格在自己叔叔身上运用了这一疗法。每天一小时（周末也不例外）的训练强度、谈话的结构和频繁程度，在剧中的人物乔治六世和洛格的来往信件中都有体现。剧中的一些对话和细节，比如不能穿夹克，要站着进行训练等，都通过洛格的日记进行了记录和展示。

8 现在的问题，不是这些策略对票房的影响。基于商业的理由，制片公司当然也应该利用既定的品牌，比如武打动作片。又比如，如果一个像巴西这样的国家是票房增长最快的市场之一，那么拍摄一部故事发生在那里的电影一定会带来高收益，这样做也是合乎逻辑的。《速度与激情 5》和《里约大冒险》确实也都是票房极高的电影。在美国以外的国家和地区，一部电影的票房有时会接近总票房的 70%，也难怪《阿凡达》和《指环王》会成为好莱坞最成功的两部电影了。而在这两部电影中，故事背景都被设定在假想的土地上。

9 当被问及自己最大的成就时，美国老牌嘻哈乐队 The Roots 的鼓手阿米尔·汤普森（Ahmir Thompson）说："艺术家的堕落往往是由于'罗得之妻'的出现，他们开始陶醉、沉溺于自己的成就中。我从不沉浸在个人成就中，这就是我成功的真正秘诀。在做一件事情时，只要新的一天到来，我就会带着充沛的精力去迎接下一个挑战。"

[10] 如编剧约翰·奥古斯特（John August）和电影《涉外大饭店》（*The Best Exotic Marigold Hotel*）的编剧欧·帕克（Ol Parker）等人都在英国名单上榜上有名。当黑名单扩大范围时，欧·帕克在 Twitter 上发了一条消息，称伦纳德是“一个了不起的人”，并声称“如果有人能做到这一点，那这个人只会是伦纳德”。

成为专业的业余者

跨越创新与专业之间的鸿沟

EXPERIENCE IS
WHAT
GETS YOU
THROUGH THE
DOOR.
BUT
EXPERIENCE
ALSO CLOSES THE
DOOR.

经验会为你打开一扇门，
但也会为你关上门。

最大的难题是如何把已有的知识清零……做了那么多准备，只为片刻的天真。试着让一切归零。

——菲利普·加斯顿（Philip Guston）

物理学家安德烈·海姆（Andre Geim）和本·桑德斯一起参加了在伦敦举行的八国集团创新/DNA峰会。在他们的发言结束后，我采访了两人。海姆告诉我：“虽然这个领域的大门上写着‘禁止进入’，但你可以直接进去。”海姆说，不在英国曼彻斯特大学的实验室里做研究的时候，他很喜欢探索石墨矿，常常徒步去山上的石墨矿。这是我第二次听到这番话。几个星期前，海姆年轻的同事康斯坦丁·诺沃肖洛夫（Konstantin Novoselov）说过同样的话，他用清晰且平和的声音说：“石墨矿无人看守，你可以直接走进去。”

与其说海姆和诺沃肖洛夫谈论的是关于徒步旅行的事，不如说是无意中说出的某种格言，而这些格言可以解释他们获得诺贝尔物理学奖背后那“漫不经心”的哲学：对地球上第一个二维晶体的分离。

在石墨中发现的二维晶体的碳原子结构被称为石墨烯。石墨烯是有史以来最薄、强度最高、导电性最强的材料。[1] 这种材料比蚕丝还细，比钢结实 200 倍，比黄金更具惰性。如果用石墨烯制造一辆汽车，那它将是质量最轻却能穿过墙壁的汽车。许多人认为，石墨烯可以在商业上得到广泛的应用，从太阳能电池到晶体管，都可以用石墨烯制造，在不久的将来，它甚至可能会取代硅。这是在海姆和诺沃肖洛夫的主要成就之外的一项额外收获：发现了一种现象，而这种现象增加了我们所知的物理世界本身的可能性。

有的理论认为，平面只是一种幻想，是作家埃德温·艾勃特的异想天开。[2] 物理学家很早就认为，具有长度、宽度却没有深度的物体，也就是电子，只能在一维平面上运动，不可能在三维世界中存在。海姆说："所有人都认为这是不可能的。"直到海姆和诺沃肖洛夫放弃自己的专业，开始系统地去寻找，情况才有了改变。

创新和卓越之间存在一个悖论：当沿着一条路走下去时，你通常会有所突破，但也往往会迷失方向，以为自己才刚刚开始。

海姆知道，对大多数人来说，他的探索之旅听起来就像石墨烯的存在那样不可思议。

海姆一脸严肃，同时又带着他那种独有的机智的讽刺，对大笑着的观众们说："我告诉人们，如果你想获得诺贝尔奖，就要先获得搞笑诺贝尔奖。”或许，那些观众知道海姆是唯一一位同时获得过诺贝尔奖和搞笑诺贝尔奖的科学家。搞笑诺贝尔奖专门授予那些进行过古怪的实验的科学家，而且这些实验得“首先让人发笑，然后让人思考”。这些实验五花八门，比如说：

- 化学方面，可以在紧急情况下唤醒睡眠者的芥末闹钟；
- 心理学方面，研究“人们在日常生活中为什么会叹气”；
- 经济学方面，研究发现财政压力会导致“破坏性牙周疾病”；
- 和平方面，研究“证实了人们普遍具有的一种信念，即发誓可以减轻痛苦”。

对于科学幽默杂志《不可思议研究年报》(*Annals of Improbable Research*）组织的诙谐、搞笑、狡猾的启发性获奖公告，《自然》杂志称之为“科学日历上的一大亮点”。

2000 年，也就是在获得诺贝尔奖的 10 年前，海姆利用磁悬浮技术让一只青蛙悬浮在空中。由此，他获得了搞笑诺贝尔奖。

对于获得搞笑诺贝尔奖，海姆觉得非常骄傲，他在荣获诺贝尔奖后的采访中说：“根据我的经验，如果一个人没有幽默感，那他通常也不是一名优秀的科学家。”1997 年 4 月，这只会飞的青蛙的照片在杂志《物理世界》(*Physics World*）上发表，之后就流传了开来。很多人认为，这只是一个愚人节的恶作剧，但海姆根本不在乎。大多数人认为，水的磁力比铁的弱数十亿倍，完全不足以对抗重力，但在这个实验中，水显示出了它真正的力量。

在荷兰的拉德堡德大学，海姆第一次担任了教授的职位，他在学校的高磁场磁铁实验室工作。这些磁铁运转起来极为耗电，所以海姆只在晚上成本较低时才会使用实验室。海姆对磁力很好奇，但他没有资源继续过去的实验。他觉得，如果“磁性水”真的存在，那么，用这个装置证明其存在的可能性是最大的。

一个星期五的晚上，海姆把水直接倒进了这台昂贵的正在产生巨大磁场的仪器。他现在根本不记得当时自己为什么会“表现得那么‘不专业’”，但他看到了下降的水是如何“卡在”磁铁中心垂直的孔里的，然后，水珠开始漂浮、腾空。他发现，“水微弱的磁性反应”似乎可以对抗重力。

海姆向这台仪器扔了各种各样的含水分的东西，比如草莓、西红柿或者其他任何合适的东西。实验室的同事，包括他的妻子兼磁场涡旋物理学家伊琳娜·格里戈里耶娃（Irina Grigorieva），建议他让两栖动物悬浮起来，因为只有这样才能证明任何物体都有真正的反磁性。他们考虑过蜥蜴、蜘蛛甚至是仓鼠（体型太大），而与这些动物比起来，青蛙是一个不错的选择。

或许，这只悬浮的青蛙太吸引人了，以至于这一发现被编进了许多科学教科书，有些人甚至是因为这只飞行的青蛙才知道海姆的。这张广受欢迎的照片也引发了一些奇奇怪怪的好奇心。例如，一个自称是英格兰西南部一座教堂的牧师的人写信给海姆，问了一些“很奇怪的问题”，比如怎样才能得到他用的悬浮仪器，怎样才能不破坏仪器的元件就能将它藏在地板下。

海姆的同事曾提醒过他，搞笑诺贝尔奖是公开性质的，接受这个奖可能会损害他的声誉——这就是为什么获奖者往往要花几个星期的时间来考虑要不要接受搞笑诺贝尔奖。搞笑诺贝尔奖喧闹的颁奖典礼在一个可容纳1000人的礼堂举行，期间还有滑稽的短剧和烤肉派对。海姆请同事迈克尔·贝里（Michael Berry）和他一起去领了这次的搞笑诺贝尔奖。

10多年后，海姆又想起了这件事，他坐在椅子上，身子向前倾着，说：“贝里常常抱怨我把他当遮羞布用……”他笑了起来，忽然又停下，仿佛想起了什么，脸也微微红了起来。事实上，接受搞笑诺贝尔奖并不是对他偏离前往诺贝尔奖的道路的嘲讽，而是他和诺沃肖洛夫为了分离石墨烯而采取的计划的一部分。

放手去做不可能的疯狂之事

通过海姆所说的“周五夜实验”（FNEs），他与诺沃肖洛夫这两位备受赞誉的物理学家具备了非专业人士的优势，并且他们致力于去做那些“可能根本不会成功的疯狂之事”。诺沃肖洛夫告诉我，“如果他们真的成功了，那将会令所有人大吃一惊”，并且一定会是一项重大的突破。从得到这份工作开始，海姆就把实验室 10% 的时间投入到了这类研究中。也正是这种独特的方法吸引了诺沃肖洛夫，让他去了海姆在荷兰的实验室。那时，他还只是一名博士生。2010 年，两人获得诺贝尔物理学奖时，诺沃肖洛夫只有 36 岁，是 20 世纪 80 年代以来获得诺贝尔物理学奖的物理学家中最年轻的一位。就在获奖之前，诺沃肖洛夫完成了自己的研究，但还没有提交正式的学位申请文件。

FNEs 是海姆和诺沃肖洛夫实验室的避风港，研究的内容往往很古怪。不过有几个月，为了不影响实验室的博士后研究员、研究生和本科生的研究进度，他们不得不限制了研究人员在实验室工作的时间。

海姆的观点是，只要你想，就一定要直截了当地去做。“犯错总比无所事事好”，所以，他让那些在 FNEs 做研究的工作人员有足够的自由去冒险和失败。但这就意味着，FNEs 很可能会遇到研究资金短缺的问题。不过，性格使然，他们依然如故。“坦率地说，很多时候我们是进入了别人的研究领域，质疑那些在这个领域工作的人从来都懒得过问的事。”

FNEs 的物理学家因实验中不可能取得的突破而为人所知。在 20 多次 FNEs 中，他们有许多次都接近成功了，比如试图找到酵母细胞的“心跳”。在酵母细胞中，他们没有发现脉冲或电信号，但注意到了在受到威胁时，酵母细胞会释放出物理学家戏称的“活细胞的最后一个屁”。也就是说，细胞经过酒精处理后，传感器记录下了一个巨大的电压峰值，就好像它释放出了“最后一口气”。有三次 FNEs 成功了，总成功率是 12.5%，而这三次分别是：

- 飞行的青蛙和反磁性的例证。
- 壁虎胶带的发明，这是一种模仿壁虎毛茸茸的足部的附着能力而发明的同名胶黏剂。
- 获得了诺贝尔物理学奖的石墨烯分离。

作为业余爱好者的智慧

FNEs 是利用业余爱好者的智慧的一种方式。海姆认为，“人最大的冒险就是进入一个自己不擅长的领域”。他说：“有时候我会开玩笑说，我对‘重新研究’（re-search）不感兴趣，只对‘发现’（search）感兴趣。”他谈到了自己与诺沃肖洛夫都曾用过的职业哲学，即“浅尝辄止”：在一个领域待上 5 年，做出点成绩，然后脱离。创造性和纯粹的乐趣性使人看起来好像不是“在做别人眼中的科学”。撇开经验不谈，保持新的开放的可能性，会让专家看起来像一名新手。然而，在前往卓越的道路上，这种姿态所赋予的礼物是无可替代的。

海姆和诺沃肖洛夫从一支普通的铅笔中发现了石墨烯，然后用一种更简单的工具将其分离了出来——透明胶带。但实际上，因为他们之前从未研究过碳，所以团队花了很长时间来熟悉与这相关的文献。

不过，海姆觉得，在开始实验之前进行过多的阅读和研究才是“真正有害的”。因此，他们从不过多地阅读文献，而是从自己的想法中解读自身。所谓的新的想法从来都不是“新的”。概念是杂乱无章的，是随着时间的推移而产生的想法的集合。如果在一个项目或实验开始前吸收了太多别人的想法，那你可能就会觉得一切都已经完成了，自己没有什么能做的了。

有关石墨烯的实验，是在海姆要求一名叫江达（Da Jiang）的来自中国的博士生用专门的仪器对一小块石墨进行实验时开始的。由于语言障碍，再加上海姆给了他一块坚硬的石墨，因而江达把石墨打磨成了小颗粒，但这并不是海姆想要的最薄的东西。

所幸，这个团队还是扭转了当时的失败。他们用扫描隧道显微镜（STM）进行实验，用胶粘裂片制备石墨，使其表面干净、无污染。诺沃肖洛夫告诉我：“我非常了解这个过程，它已经有几十年的历史了。”后来，实验室有了一台低温扫描隧道显微镜，于是诺沃肖洛夫近距离观察了研究人员在清洗样品后丢掉的透明胶带。

诺沃肖洛夫说：“我们把它从垃圾桶里拿出来直接用了。”[3] 胶带上的石墨片比江达用仪器打磨得那些更薄。它并不是一层那么厚，而是用透明胶带一次又一次地粘过后才得到的，比任何有记录的实验结果都更接近成功。

能用石墨在纸上写字说明它是由碳组成的，而且很容易被剥落。

用铅笔写字意味着，只要是在石墨顶端施加足够的压力，石墨就会被剥落在纸上，留下一串灰色的痕迹，也就是一小层碳。把石墨粘在胶带上，它就会裂开。随着时间的推移，诺沃肖洛夫找到了一种利用胶带把石墨压到一微米厚的方法，也就是不断把胶带贴到石墨上，然后撕开。他们的研究团队有时是 5 个人，有时是 6 个人，在每天 14 个小时的工作时间里，他们进行了一年的密集实验来测量单层碳。在这期间，他们还把胶带换成了日本的 Nitto 胶带，“可能是因为整个过程简单又便宜，而我们想把它做得更漂亮一点，所以就使用了这种蓝色的胶带”。海姆说：“他们称这种方法为‘透明胶带技术’，我反对叫这个名字，但我的反对无效。”

在此之前，已知的所有原子中的电荷载流子都是通过类似于台球运动的相互碰撞产生的。然而，在石墨烯原子中，电荷载流子模拟的是无质量的光子，以恒定的速度运动，且运动速度接近光速的 1/300。用透明胶带反复撕扯，能把单层碳从石墨的三维空间中提取出来，单层碳就会呈现出一些令人难以置信的特性。海姆和诺沃肖洛夫并不会像其他非专业人士那样称这种技术为“发现”，因为它一直都是存在的。

> 有一天早上，我们来到这儿，手里除了一块石墨什么都没有。几个小时后，我们有了一台设备，而这台设备为我们带来了一项十分重要的成果。

这一切看起来都太简单了。

研究团队总结了他们的发现，并向《自然》杂志投稿了一篇论文，但被退稿了。有史以来，那些打破传统观点的想法几乎都经历过这样的事情，所以这可能是一种无意的赞美。诺沃肖洛夫回忆时略过了很多细节，他说，《自然》杂志的一位匿名审稿人回复说，这篇论文很有趣，但只有在经过了“这个、那个和另外的一些测试后，他们才可能会考虑”发表这篇论文——《自然》杂志又一次拒绝了他们重新投稿的论文。海姆在诺贝尔奖获奖演讲中说，有一位审稿人认为这“并不完全是一个科学方面的进步”。后来，《科学》杂志发表了这个团队精雕细琢后的一篇论文，第二篇才发表在《自然》杂志上。

> 很多人可能不会相信我们所发现的东西只有一个原子那么薄，杂志的编辑和审稿人必须有极大的勇气才能把写有这种内容的论文发表出来。当时，我们都不知道这种发现意味着什么，甚至并不完全了解有多少人在从事有关碳的科学研究。直到今天，我还是不明白论文为什么会被退稿。

诺沃肖洛夫用平静且极具耐心的声音说了这些话，与论文发表的坎坷过程形成了鲜明的对比。有些话是直截了当、清晰明了的，有些话则带着诗意，这显示出了诺沃肖洛夫的智慧。

这个研究过程太著名了，以至于海姆的同事经常问他，既然已经分离出石墨烯，并且在由二维物体制成的定制材料中开创了一个新的研究领域，那么他是否还会“继续前进”。“他们希望我把这个领域留给他们。但别想了，伙计们！”海姆开玩笑说，“来日方长，你们还得多忍一忍我的冷嘲热讽”，因为“还有更大的宝藏埋在地下”，这个领域已经成为一个庞大的研究领域，而不再像刚开始时那样杂草丛生、荒无人烟。当然，虽然说到了宝藏，但海姆的意思并不是要为这种材料申请专利。[4]

海姆希望通过“探索走弯路”和“远离拥挤的人群”来继续他的冒险。他把自己比作杰克·伦敦的小说中的淘金者，试图把石头扔到山脚来标记他们的领域—— 一个石墨烯研究的分支领域。等在这个领域做得足够好了，他就会开始新的征程。

游戏对创新的作用

在球场上也好，在工作室和实验室也罢，要想达到卓越就要不断前进。专业业余者的智慧是知道如何忍耐，而达到卓越最好的方法就是找到定期放弃的方式。

对艺术家来说，做专业的业余者是一种古老的观念，在晚期的自由风格和禅宗的“初学者心态”中都有所体现，这是一种有了足够的专业知识，又试图重新看待事物的视角的转变。“随着年龄的增长，每本书读起来都会变得更难一点。”作家厄斯金·考德威尔（Erskine Caldwell）在向《巴黎评论》讲述他的写作过程时说，这不仅是“因为你对自己正在做的事变得更挑剔了”，也是因为“你已经走到了这一步，知道有些事情不对劲儿，却没有让它变得更好的办法”。诺曼·梅勒通过“种不同的庄稼”避免了这种情况——他不断变换文体，以使自己保持一种全新的视角。编舞家特怀拉·萨普也使用了这一技巧。她说：

> 经验为你打开门，但也会为你会关上门，也就是说，它会让你开始依赖记忆，坚持以前的做法。这样一来，你就不会去尝试新的东西了。

如果不打破条条框框，不去冒险，你就永远都无法找到别的办法来解决问题。

业余者的“可行性幻想”是专家意识不到的东西。心理学家将这种与专业技能相伴而来的下意识地例行程序的现象称为定势效应。这就是成功的代价。因为以前的成功而产生的偏见，在人们没有留神的情况下渗透进了日常工作中，并且会阻挡人们寻找其他方式的视线。[5]当然，专业的业余者也不会按照新手的方式来做事，即先学习，再深入学习，然后进行下一项工作。

> **专业的业余者与新手、专家都不同，新手会因为缺乏经验而被限制，专家则会因为拥有太多经验而被束缚。在冲动和欲望的驱使下，专业的业余者会停留在“不变的当下”，看到专家视而不见、新手则意识不到的那些可能性。**

就像奥奈特·科尔曼（Ornette Coleman）在谈到号手的声音时所

说的，这可能会让人觉得“你的音符上没有出生证明”。也就是说，做专业的业余者能使人一直拥有发现的精神。

如今，“业余”一词是带有贬义的，指缺乏技能或知识，业余者则指半吊子、发烧友或狂热者。但在几个世纪之前，“业余”这个词并不是用来贬损某个人的，而是在说一个人从事某项活动纯粹是为了娱乐，而不仅仅是为了职业发展。例如，法语中的“业余爱好者”一词来自拉丁语，原意是爱人、奉献者、热爱某项事业的人。

在冒险之旅上，专业的业余者是全神贯注的。在疲惫的状态下，如果能放下那些不得不做的任务，而是做些自己感兴趣的事情，那人们就会感到精力充沛，而且激情也会使人更有耐性。只需那么一会儿，人就可以超越时间的存在了。正是一种身体上的冲动促使海姆把水倒进了仪器里，他却无法解释为什么会做出如此疯狂的事。

德国哲学家叔本华和作家路德维希·伯尔内（Ludwig Börne）[6]都主张定期培养这种能力。几个世纪以来，关于原创作品一直存在争议。最初，“原创”是“疯狂”的隐晦的同义词，以一种不值得羡慕的、独一无二的方式存在，直到笛卡儿改变了它的心理效价。1823年，伯尔内发表了一篇极具争议性的文章，即《如何在三天内成为一名原创作家》，他在这篇文章中为“让自己变得无知的艺术”辩护。他说，代代相传的知识就像一些“古老的手稿，人们必须无视其中那些会被无聊的神父争论以及会被愤怒的僧侣咆哮的东西，只有这样才能一睹罗马的经典”。叔本华发展了伯尔内的想法，他呼吁设立一个

“学术安息日”，不让思想没日没夜地处于“游乐场”。他担心他的年龄会让自己变得很愚蠢，不能再产生新奇的想法。他用骑车与行走之间的对比来概括自己的逻辑：如果一个人只骑车，从不走路，那他很快就不会走路了。同样，如果经常跟随别人的思想，那你很快就会失去自我。

此外，海姆常说，如果“从科学的摇篮到科学的坟墓，你一直在沿着笔直的路线前进”，那你就不可能一直对自己的工作有兴趣。

不过，很少有人真的把这种方法当成方法。海姆说：“人们会觉得你是个傻瓜，因为你把时间投入到了结果可能只是昙花一现的事情上。”这种方法把散步变成了漫游。海姆描述了从半导体物理学到超导体物理学的转换有多困难。

> 我作为一个初学者参加了这些会议。我之前也发表了几篇很有价值的论文，我也是一名副教授，但人们还是看着我说：“这位博士后是谁？他来做什么？”因为来自一个完全不同的领域，所以我有一种不安的感觉。我仿佛游动在一片未知的水域中，这不仅在科学上是未知的……在心理上也是未知的。

这种方法其实就是通过后退、助跑加速、跳跃、在半空扫视一圈，来看看你会不会在这上面浪费时间。

海姆说，这种敏捷性需要“勇气”。他说：“我想，这就是‘游戏’的意义。”游戏让人能承受这种方法所带来的不确定性。顾名思义，专业的业余者就是以游戏的方式参与不同领域的。

在诺贝尔奖颁奖典礼之前，诺贝尔媒体编辑部的主任亚当·史密斯（Adam Smith）主持了对海姆和诺沃肖洛夫的正式采访，他说：“我想从‘游戏’开始讨论。人们通常认为科学是非常严肃的，但它其实很有趣，尤其是当一个人在研究的最前沿时。你们能说一说在研究中是怎么进行游戏的吗？”

这是一个非常合理的开场。其实早在两个月前，史密斯就在电话中以略微不同的方式提出了这个问题。“我想，我们可以称之为乐高主义。”那次，海姆谈到了实验背后的哲学，也讲述了他们如何基于已经拥有的“乐高碎片”（从“设备”到“随机知识”）进行重建。他说，如果你够优秀、够好奇、够勤奋，那“你就不需要在哈佛大学或剑桥大学，也不需要在一所聚集了最聪明的人和拥有最好的设备的大学里。就设施和声望而言，即使你不在最好的时间、最好的地方，即使是在排名第二或第三的大学，你也照样能做出令人惊叹的事情”。

而这次，海姆低头看了看，他十指交叉，张了张嘴，又抬头看了看天花板。诺沃肖洛夫说：“大学教你了很多物理知识，但不会教你怎么做科学。”他说，任何“促进思想自由”的过程都有一定的作用。

事实正如诺沃肖洛夫总结的那样，但海姆仍然在看着天花板。谈论到游戏，史密斯不得不刺激一下谈话："你怎么看，海姆教授？"

海姆看上去有些心不在焉。他虽然幽默风趣，但也很严肃，常常令人生畏。海姆进行的大多数实验都需要极度的专注和小心。在被告知获得诺贝尔奖的那天，"我正在像往常一样混日子，但诺贝尔奖打断了我的工作，我不确定这个打断是不是好的。好吧，这个打断当然令人感到十分愉快"。海姆在诺贝尔奖晚宴上的演讲中告诉人们，模糊"意见"和"证据"之间的界限十分危险。诺沃肖洛夫看重的是海姆的勤奋和坦率，他说："身边有一个比你聪明的人，这是一种莫大的安慰。安德烈很直接，如果认为某件事是胡扯，他就会直接说出来。"当然，有时他也会只给出一个浅显的反应。"想要从他那里得到一个明确的答案，并不需要花费太多的时间。"

但在正式的采访中，当被问及所谓的游戏对创新的作用时，海姆仔细考虑了很久。对于他不愿意谈论这个话题，我感到非常好奇。

如何用滑稽的手段改变一个混乱的城市

当音乐家说到某个人的乐器演奏得很好时，其实是在说他们技艺高超、反应敏捷，在一切准备就绪时，知道如何协调其他乐手与自己之间的关系或者如何让自己的演奏出彩。比如说，一个人能像伯克利音乐学院最年轻的教授埃斯佩兰萨·斯波尔丁（Esperanza Spalding）一样演奏，弹起贝斯来，声音向不同的方向传去，又产生共鸣。这些行为其实也属于游戏。乐手常常在演奏结束时用低沉的声音说出“Play”（玩起来）这个词，就好像这和天赋一样举足轻重。他们的语气说明这种技巧是严肃的，可以将其用于形容贝多芬这样的艺术家。在维也纳散步时，贝多芬常常把听觉层面的物质转变成精神的、可塑的物质。他经常给朋友和同行写信讲述自己的创作过程，就像他在给作曲家路易斯·施勒塞尔（Louis Schlösser）的信中所写的那样。

> 这个想法已经在我脑海中存在了一段时间，但过了很长很长的一段时间后，我才把它们写了下来……我改了许多，删了一些，一次又一次地尝试，直到自己满意为止；我开始在脑海中阐述它的广度、高度和深度……它出现、生长，我从各个角度听到、看到它，就好像它已经被铸就了一样，而剩下的就只是花精力把它写下来。[7]

无论是形象的还是抽象的游戏，都既有生成性又有严谨性。举个例子，作家托妮·莫里森说，她从来不是“在某一个瞬间”有了写一本书的想法，恰恰相反，“这是一种持续出现在我脑海中的东西”。然而，在创作过程之外，游戏这个词可能会损害它所指的东西。这几乎是不言自明的，毕竟，游戏常常被认为是重要性和彻底性的对立面。无论是把它用作名词、副词还是动词，大多数人都会忽略它的深层含义。

安塔纳斯·莫茨库斯（Antanas Mockus）辞去哥伦比亚国立大学校长一职，在 1995 年和 2001 年波哥大市市长的竞选中取得了胜利，并且在担任市长期间获得了广泛的赞誉——他用滑稽、幽默的手段改变了这个最混乱、犯罪最猖獗的城市。然而，在有些人眼中，他的手段都是愚蠢的，比如说，有一项政策要求用哑剧演员取代“声名狼藉的收受贿赂”的交警。有些演员的脸被涂成白色或蓝色，还有些演员戴着蝴蝶结，眼睛和眉毛上画着黑色的铅笔印以夸大表情。他们站在十字路口和街道上，嘲笑不良行为，赞扬良好的行为。莫茨库斯认为游戏是有帮助的，因为比起被罚款，人们往往更害怕被嘲笑。果然，这项政策非常成功。在他任职期间，因交通事故而死的人的数量下降了 50% 以上，谋杀率下降了 70%。他开除了 3200 名交警，剩下的数百名交警则被训练成了哑剧演员。

针对莫茨库斯的这项政策，波哥大文化艺术总监罗西奥·隆多尼奥（Rocio Londoño）说：“我们有 600 万居民，而这些措施显然无法完全改变人们的行为。”然而，鬼灵精的莫茨库斯在每一个转变的节点上都继续推行他的政策。为了倡导节约用水，这位留着大胡子的市长拍摄了一段自己洗澡时关掉水龙头的广告，当然，大部分镜头都被剪掉了。在莫茨库斯执政期间，波哥大的水资源保护率提高了 40%，能为所有家庭提供饮用水，而在他任职之前，波哥大只有 79% 的家庭有饮用水。

莫茨库斯是一位专业的业余者，他本来是一位大学校长，却有意选择了一个全新的领域。在莫茨库斯担任波哥大市市长的两届非连续任期内，他的政策都旨在解决文化、道德和法律之间的差距。但正如他的同事所说的，他并不是政治理论方面的专家。作为一个对传统政治持有怀疑态度的人，他是第一个当选波哥大市市长的无党派人士，而这个身份对他并没有好处。1994 年，在莫茨库斯当选市长的前几个月，人们只知道他是一位数学家和哲学家。那时，他还没有和阿德里安娜·科尔多瓦（Adriana Córdoba）结婚，还与母亲一起住。他的母亲出生于立陶宛，是一位雕塑家，非常不赞成莫茨库斯从政。记者去家里采访时，他的母亲会把记者赶走。在竞选活动中，莫茨库斯穿着一件黄红相间的写着“超级公民”的紧身衣，在街道上跑来跑去，来清洗人们的“视觉污染”。新闻网站 La Silla Vacia 表示，莫茨库斯与公众的关系就像超现实主义画家达利与公众的关系一样：“即使人们听不懂他说的话，也能明白他想传达的意思。”在这个激发了加西亚·马尔克斯魔幻现实主义灵感的国家，政治分析人士利用艺术类比来解释莫茨库斯在波哥大市的现象，即随着对游戏观念的转变而发生的转变。

创新往往发生在游戏之中

当人们用灵巧的手势语言说话时，似乎所有人都能理解其中心含义。比如说，当想表示支持和认可时，人们会竖起大拇指；当理解一个概念时，人们会说抓住它了；当情况处于控制之中时，人们会说尽在掌中；在签署合同时，人们可以通过握手来表示达成共识；当被一个动作或事件感动了时，人们会说它是动人的；尽管可能根本没有身体接触，但人们还是会说保持联系；当一个节目的剧本需要改进时，人们会说打回去修改。斯图尔特·布朗（Stuart Brown）总结道：“手跟着大脑活动，大脑也在跟着手活动，而将两者联结起来的最好的方式媒介就是游戏。”

也许人们低估了游戏的重要性，忘记了体质人类学家所说的，当人们抑制“游戏”时，危险往往近在咫尺。人类是所有物种中最幼稚的，有很大的潜力来保持柔韧、灵活并在整个生命过程中保持孩童般的品质，而这些品质之一便是“游戏”的能力。斯图尔特·布朗是美国国家游戏研究所（The National Institute for Play）的创始人，他从内科、精神病学和临床研究方面的工作中了解到了游戏的重要性。这是在一项可怕的研究中发现的，这一研究探讨的是嗜杀成性的男性被剥夺游戏权利的共性。经过多年对个人游戏经历的研究，布朗发现，人们最早的与快乐和游戏相关的记忆对成年后的生活轨迹有重大的影响。

不管是什么类型，游戏的故事总是相似的——进入一个未知的世界，在那里尽情享受。这是一种乘风破浪的状态，一种能打开更多可能性的视角。

游戏在儿童早期发育和学习方面的重要性是显而易见的。在每15分钟的游戏中，孩子们会用三分之一的时间来学习数学、空间和建筑原理。关于这一点，麻省理工学院教授劳拉·舒尔茨（Laura Schulz）经营的杂志《认知》（*Cognition*）上的一项研究很好地进行了阐释。

这项研究是这么设计的：在第一组中，实验者把一个带着 4 根管子的玩具交给一群 4 岁的孩子，接着他会拔出一根管子，在管子发出吱吱声时表现出惊讶的样子，然后离开。在另一组中，这些 4 岁的孩子拿到了同样的玩具，之后又接受了直接教学——实验者一边兴奋地说话一边让管子吱吱作响，“看！我给大家展示一下这个玩具要怎么玩儿”。当单独玩玩具时，两个组中所有孩子的玩具都会发出吱吱声，但第一组的孩子比第二组的孩子玩的时间更长。通过不断探索，第二组的孩子也发现了一些没有被暗示过的玩具的“隐藏特征”，比如隐藏在某根管子中的镜子。但是，他们没有探索出玩具的所有玩法，因为他们一直在被教导如何去玩儿，他们的好奇心被抑制了。这项研究清晰地揭示了一个与直觉相悖的事实：**定向教学很重要，但在游戏和自主探索过程中习得的耐心和知识更加重要。**定期进行游戏是培养耐心的最好的方式。

天体物理学家尼尔·德格拉塞·泰森（Neil deGrasse Tyson）认为：

> 孩子生来就是科学家。他们一出生就开始探索周围的世界。比如说，他们会举起一块石头……会在家里试验那些易碎的物品。或许他们某一天会打碎一个盘子，那是因为他们在试验盘子如何在走廊滚动……你不得不再买一个新盘子，于是你会说：“嗯，要付出的代价也太大了。”但正如哈佛大学前校长德里克·博克（Derek Bok）所说的那样，“如果你认为教育的成本很高，那就尽管试试无知的代价吧”。

就像 C. P. 斯诺（C. P. Snow）等人主张艺术与科学的概念应该统一一样，德格拉塞·泰森、博·洛托（Beau Lotto）等人也提出了同样的观点，即在人们眼中的科学、发现、游戏和任何领域的创新之间，存在着某种概念上的契合。

难点在于，如何改变人们固有的游戏与孩子相关的认知。开拓性设计师和营销主管艾维·罗斯（Ivy Ross）因为在美泰公司（Mattel）和 Gap 创造了游戏优先的新环境而声名鹊起，她说："人们往往把游戏看成与工作相反的东西，一种孩子气的东西，这是最大的阻碍，也是人们很难接受它的原因。但实际上，游戏与消沉相对，而消沉就是对可能性的麻木。"

为了解决这个问题，罗斯在美泰公司位于加利福尼亚州埃尔塞贡多的总部创建了鸭嘴兽计划。她组建了一个由 12 个人组成的团队，这 12 个人放弃了原来的位置，换到了一个非正式的空间，就像带轮子的办公桌一样，这个空间是可以移动的。他们可以和希望的人一起工作，用什么样的方式工作都行。这个空间包括一间有私人电话的房间和一间有"声音浴室"的房间——房间内带有内置扬声器和椅子，可以用罕见的双耳频率来刺激左右脑，椅子倾斜的角度和宇航员的航天飞机发射椅的角度一模一样，工作区域则铺着一块像草一样的地毯。这里的环境和蒙台梭利所倡导的差不多，有各种刺激可以满足人们的每一种自发的兴趣：进行游戏，并且让大脑得到休息。这里没有固定的时间表，如罗斯所言，这几个星期是"精神上的放牧"，而这个团队的人员的脑海中也确实充满了未知的新想法、新形象和新概念。

罗斯在谈到鸭嘴兽计划时说："有时人们的想法会停滞，有时直到第七个星期才会产生新的想法，但我从未失望过。"与以往相比，这 12 个人在工作时总会提出更多创新的点子，创意总是源源不断。罗斯这里待了 12 个星期后，有些一直想要怀孕的女性惊奇地发现自己已经有了三个月的身孕。人们开玩笑说这里是刺激怀孕的宝地。

罗斯坚信："创新是一种结果，游戏是一种心态。创新的点子往往会在游戏时出现。"

已经有很多人开始强调将冒险的方法应用于创新和严肃的工作的重要性，以及消除它们之间的界线的重要性。美国国家航空和宇航局喷气推进实验室（JPL）认为，游戏对工程师的工作表现来说至关重要，因此，他们会在招聘时询问求职者童年时的爱好。JPL 与专注于手部和大脑共同进化的神经学家弗兰克·威尔逊（Frank Wilson）以及长滩的机械师纳特·约翰逊（Nate Johnson）磋商后发现，在解决机械问题方面，年轻的工程师反而逊色于已退休的工程师。威尔逊抱怨，正是因为进行的游戏太少，美国国家航空和宇航局的专家才会不太擅长动手操作。这之后，JPL 便改了政策，无论求职者的学术背景有多么优秀，都要询问他们在童年时期玩过多少游戏。

游戏空间不用太宽敞。小时候，我们经常创造出来的模仿游戏就是一种游戏创新的标志：产生了延伸的、私人的、元世界的抽象思维。相比于普通的大学生，麦克阿瑟天才奖的获得者在年轻时做白日梦的频率是他们的两倍。密歇根州立大学的罗伯特·鲁特－伯恩斯坦

（Robert Root-Bernstein）与他的妻子兼同事米歇尔共同进行了这项研究，而他本人也是麦克阿瑟天才奖的获得者之一。[8]

我们总是因想象而创造。博学的亨利·庞加莱（Henri Poincaré）与海姆一样，经常在数学和物理领域来回转换，他描述了当想法像运动中的物体时一样的感觉：“我几乎能感觉到它们在互相推挤，直到它们两两结合在一起，形成一个稳定的组合。”科学、艺术和任何类型的探索中的创新，都有可能阻碍人们对常发生之事的认识。

诺沃肖洛夫告诉我，工作和想象之间的落差决定了他们为什么不可能为任何一个实验设定开始日期。当我问石墨烯实验是什么时候开始的时，他提到，石墨烯实验就像其他所有的实验一样，是以一种内在的方式开始的，可以是在睡觉的时候，也可以是在洗澡的时候。毫无疑问，想要为它设定一个真正的开始日期是绝对不可能的。

然而，在科学研究的背景下，游戏可能永远都不是一个正确的词，至少不是一个能被公开使用的词。

海姆想要创造一个新术语，一种“略微不同的表达方式”，来定义人们所说的游戏的真正含义，也就是“由好奇心驱动的研究”。不过，他更愿意称之为“冒险”。毕竟，他在诺贝尔奖颁奖典礼上的演讲的题目就是“与石墨烯的偶遇”。这就是他对那段旅程的描述，那是一个与动手操作有关的实验，事实上，它不是一项研究，而是一种探索。

科学是冒险和异想天开的结果

一种类似于 FNEs 的实验过程正在美国最好的一些科学实验室中进行着。在一年的时间内，凯文·邓巴（Kevin Dunbar）在 4 个著名的分子生物学实验室讨论了他的研究结果。邓巴现在任职于马里兰大学，他将自己的整个职业生涯都花在了量化实验室中认真看待错误的价值和如何克服盲点上。

邓巴说："实际上，人们对科学过程一无所知，也不了解科学家是如何思考和推理的。"邓巴用 15 年的时间对 4 个著名的生物化学实验室进行了近距离的全面访问，他跟着科学家们开会、阅读实验室的期刊和测试结果、观察科学家之间的互动。他将这称为"体内"研究法，并且观察到，40% ~ 75% 的实验都失败了，但最好的科学家能够继而得到一些意想不到的发现。邓巴发现，实验效率高的实验室有一个特点，那就是在这些实验室里，并非这一专业的科学家都提出了对实验结果有益的问题。与之相反，在科学家都拥有相同专业技术知识的实验室里，找出问题出现的原因的效率则很低。

当一个人觉得自己已经了解了某件事，他的大脑就会高效、快速地编辑现实，这样一来，错误就很难被发觉；但当一个人观察一个不熟悉的场景时，他大脑的运作效率就会降低，就能让他有时间去观察异常值并思考其重要性。

工作保障等因素决定了谁最终能追上专业的业余者的脚步。邓巴说，研究生和博士后是最不愿意在失败后继续进行实验的人，因为“他们有一个短期的目标”。“他们想在完成研究后尽快找到一份工作并发表几篇高质量的文章，职业前景相对稳定的终身教授则往往很喜欢这些出人意料的发现。”邓巴发现，研究人员的级别越高，就越有能力进行游戏。

“有多少科学革命因其开创者忽视了实验室中的异想天开、偶然事件和麻烦而被错过？”邓巴提供了一个答案——FNEs 赋予科学家的自由有助于他们对抗条条框框的限制。[9]

深夜的冒险允许人们将自己从会阻碍创新的事物中释放出来，即作家凯瑟琳·舒尔茨（Kathryn Schulz）所谓的“犯错”。“认识到自身的错误，这种感觉非常怪异”，她写道，这不仅是内在生活中没有被归类并被忽视的部分，也是当人们面对自己的错误时，“突然发现了自身与自身的冲突”。这种犯错感是亚里士多德在《诗学》中所描述的那种认同感，是希腊悲剧人物意识到自身错误的那一刻。“在那一刻，错误与其说是一个智力问题，不如说是一个存在主义的问题——问题不是我们知道些什么，而是我们是谁。”

有些环境并不允许避风港或FNEs的存在，于是，人们有了假期，可以远离日常生活，去放松一下或者做一些有激情的事。比如说，比尔·盖茨有时会给自己放三天假，在这几天里，谁也不能接近他。这与中午短暂的休息能提高工作效率的原理是一样的。[10] 人们经常像对待游戏一样对待假期：这虽然是一段与工作时间相对的时间，但实际上，它提高了人们的工作效率。

说科学是探索和冒险的过程，这不仅是一个比喻。海姆发现，研究既是他的工作，也是他的爱好。对他来说，徒步旅行或散步就是度假了。在与本·桑德斯和海姆的讨论结束后，我们在伦敦的八国集团创新 /DNA 峰会的休息室里闲聊，海姆不仅对能与这位极地探险家交谈而感到高兴，也对桑德斯提出的建议十分感兴趣。海姆感觉到了他们的探索之路是多么相似。

海姆对桑德斯说："我有很多业余爱好。因为可能再也见不到像你这样的人了，所以我想知道，你在北极遇到的最困难的事情是什么？我知道你非常有毅力和耐力，那么，是孤独吗？这不可能，因为你会和队友通电话。可是，究竟是什么呢？"

桑德斯说："是能承受一切的勇气。"稍后他又补充道，还有去发现深藏于内心的力量。

海姆点了点头，低头笑了笑。

之后，海姆告诉我他为什么不愿意在正式的诺贝尔奖采访中谈论游戏。他想强调游戏的悖论，即只有拥有奇思妙想，人们才能承受创新和探索所需的条件的严肃性。海姆问了桑德斯他为北极做的最后的准备工作，然后海姆笑了起来，讲了自己从山上摔下来的事，就好像他们在共同的空间里相遇了。"去奋斗，去寻找，去发现……"

◇◇◇◇◇◇◇◇◇◇◇◇◇◇◇◇

草地和地面上被践踏出的羊肠小道常常被称为“欲望之路”，因为它们都是路人自由地踩出来的。在森林和城市里，与城市规划者设计的街道相比，这些小路往往更加方便。在芬兰，城市规划者常常会在下雪后前往公园，观察行人按照自己的意愿会走出怎样的路来。遵循人们的意愿就是“回应邀请”。[11] 必须有人第一个踏上这条路，而这是一种冒险，寻找隐藏在开阔地面上的道路，寻找一直在那里“等待人们变得更聪明”的东西。

石墨矿确实无人看守。几个世纪之前，石墨贸易减少，这些矿藏就对外开放了，但同时，通往它们的道路也休憩了。徒步旅行者“跌跌撞撞地”发现了这里的石墨矿。诺沃肖洛夫说，那儿四周环绕着高高的山脉，比如英国最高的斯科费尔峰，就在石墨的挖掘地点附近。在不研究石墨的单层原子的下一个阶段时，制造“一层具有原子精度”的定制材料，即研究那些小路，就是他的工作。上次我与海姆和诺沃肖洛夫聊天时，他们已经能制作出 10 微米厚的定制材料了。

诺沃肖洛夫研究了石墨不为人知的全部故事。最初，石墨是在位于曼彻斯特基地附近的英格兰湖区被发现、出售和开采的。在英国最潮湿的地区附近，石墨是一种纯净的物质，不掺杂其他矿物质。石墨曾经被当地人称为“泥块”，它随处可见，还有些“像人的拳头那么大”。直到 18 世纪早期，英格兰湖区的农民还用石墨来标记自己的羊群。文艺复兴时期，有商人曾经出售过英国的石墨——适合用于手绘画，也是一种很有价值的材料，可以用来制作大炮，能防止钢铁生锈。英国议会还曾经出台了一项法案来保护这些矿山。

诺沃肖洛夫认为，石墨的使用历史比所有证据显示的都要早。他发现了石墨铅笔和用石墨写的手稿，而这些都早于有关矿山记录的官方历史。这些材料一直都存在，只是没有人发现而已。

在第一个人发现了石墨矿的入口后，曼彻斯特和它周围的石墨矿的入口才变得清晰可见了。否则，它们会一直被藏在那个就在眼前的地方。

进行游戏是思想在攀登。只有那些试着暂时放下疑问的人，才能发现近在眼前的入口。

尾注

[1] 科学家曾将这一荣誉归于碳纳米管，但因为它由圆柱体组成，所以，曾被公认的一维物体实际上是三维的。

[2] 诺沃肖洛夫以数学家、神学家和小说家埃德温·艾勃特的一句话开始了他的诺贝尔奖获奖演讲。艾勃特著有中篇讽刺小说《平面国》，而诺沃肖洛夫把发现石墨烯比作书中的想法，同时解释了这一发现不仅是为了找到一个扁平、一维的晶体。

[3] 一位来自乌克兰的高级研究员从垃圾箱里找出一条粘了石墨的胶带，他还想再去垃圾箱找一找。

[4] 在发表了第一篇关于石墨烯的论文后，海姆确实考虑过要申请一项专利，并准备好了提交文件——这些文件仍然在律师那里。那时，海姆参加了一次会议，他在会议上与一家能赚“数十亿美元”的大型电子公司的一位高管有过接触，并且含糊地提了这条线索。考虑到一项令人垂涎的专利在申请和辩护上的代价极为高昂，并且海姆对专利费不感兴趣，所以他想看看这家公司想不想合作。对方有什么回应呢？按该公司的原计划，海姆更难保有专利。该公司已经在研究石墨烯，而且并不认为在接下来的 10 年里会取得什么研究成果，所以，这对他们来说不是一笔好生意。然而，这位高管表示，如果在第 11 年，石墨烯被研究出来，而海姆拥有了这项专利，那该公司将会“派数百名律师”专职审理此案，并且每天提交更多的专利申请。这位高管说，为了防止石墨烯被垄断，海姆将会付出一生的代价。撇开这位高管的粗鲁不说，海姆其实很欣赏这个观点，他已经为那些早期的发现申请了专利，比如壁虎胶带，但对于石墨烯，他并没有想到什么商业用途来使其值得被投资。此外，海姆发现，科学家的专利往往只是“一个个人虚荣心的纪念品”。正如海姆在为英国《金融时报》撰写的一篇文章中所说的那样，专利是一种骄傲，而不是报酬。

[5] 定势效应的影响非常广泛。哈佛商学院的卡里姆·拉哈宁（Karim Lakhani）和拉斯·博·杰普森（Lars Bo Jeppesen）在 InnoCentive 公司发现，问题的解决方案多出自非专家之手。InnoCentive 是为了应对复杂的挑战而成立的，而这些挑战往往处于世界 500 强公司专业知识的盲点。

[6] 伯尔内是被迫成为一名作家的，因为在法兰克福废除拿破仑时期的自由主义法律之后，作家是德国犹太人唯一可以从事的职业。伯尔内的文章备受争议，因为在工业革命之初，当人们被教导如何使生产机械化时，他鼓励草率行事。他也提倡自动写作，此技巧后来被超现实主义者采用。

[7] 对贝多芬而言，严肃的乐章、节奏常在他散步时出现在脑海中。皮埃尔·拉鲁斯（Pierre Larousse）说：“在 19 世纪的头几年里，人们看到一个人每天都在维也纳的城墙边散步，不管天气如何，不管晴天还是下雪天，从不间断。这个人就是贝多芬，在散步时，伟大的交响乐曲会出现在他的脑海中，之后，他会把这些都写下来。”

[8] 这个抽样调查是在 1981—2001 年进行的。

[9] FNEs 这样的自由探索是推动“开放科学”运动发展的重要力量，他们依靠实习生的低屏障平台分享实验结果，而不依赖同行评审的期刊，因为这些期刊往往研究进度缓慢、成本高，并且容易禁锢研究人员的想法。如今，通过社交网站，使用者可以共同来解决问题并分享结果。有些人甚至可以从作废的想法中得到启示，如现已停刊的杂志《偶然且意想不到的结果》(*Journal of Serendipitous and Unexpected Results*，*JSUR*）和杂志《所有结果》(*The All Results Journal*)，后者既刊登确定的研究结果，也刊登不确定的研究，并且是开放的。与同行评议的科学期刊不同，作者可以在该刊物上免费发表文章，其中的文章也可以免费提供给大众。

[10] 2006 年，安永会计师事务所（Ernst & Young）的一项研究显示，员工每多休假 10 个小时，年终业绩评估就会上升 8%。另一项涉及美国国家航空和宇航局科学家的研究也显示了同样的结果，休假时间变长，科学家的绩效评估也会上升。人们之所以会在工作日设置一段短暂的休息时间，也是出于同样的原因。

[11] 在艾森豪威尔担任哥伦比亚大学校长时，他根据人们行走时的自然愿望在校园里修建了各种小路。

保持灵巧的坚毅

平衡发现与发展之间的关系

FIELDS DIE
JUST BECAUSE
NO ONE THINKS
THEY CAN OUTDO
WHAT HAS BEEN
DONE.

不敢涉足其他领域，
只是因为人们认为自己无法超越已有的事物。

上天给了我们满天星空，于是我们就有了星座。

——丽贝卡·索尔尼

沿着哈得孙河上的一条公路驶向洛克斯特格罗夫，那里有一座为塞缪尔·莫尔斯设计的房子。当想到一意孤行、耐心与非正常的偏执之间的界线，以及何时该继续与何时该放弃之间的界线时，我就会对那堵刚倒塌的坝墙感到胆怯。[1] 我们很难对以上这些进行区分，因为有一个奇怪的事实是，在世界上，几乎每 30 年，就会有一座大桥在建造中或建成不久后倒塌。[2]

科学家保罗·G. 西布利（Paul G. Sibly）和阿拉斯泰尔·沃克（Alastair Walker）发现了这个 30 年的周期，他们发现，大桥的倒塌通常并不是因为采用了新技术或者工程师对结构分析出现了失误。事实上，记载建筑中出现故障和失误的历史可以追溯到伽利略时代。之所以会出现这种情况，是因为当从最初的基础设计中脱离出来时，工程师往往过于相信模型。如果在出现明显的故障后，不对经过验证的模型再次进行测试，那就必须承受出现失误的后果。换句话说，失败或者倒塌之所以发生，是因为成功带来了盲点。

无论是建造桥梁，还是形成概念或想法，成功都来自一种灵巧的坚毅，它知道什么时候发展需要给发现让路。

我和安杰拉·L. 达克沃思（Angela Lee Duckworth）谈论过这种灵巧的坚毅。有一次，我到达克沃思在宾夕法尼亚大学的办公室去见她。那天，她穿了一件带水手服领的条纹衬衫、简单的裤子和平底鞋，乌黑的头发向后梳成一个马尾辫。她神采飞扬地走出办公室并朝我走来。她热情、温柔又带着点威严。那是我第一次与她见面，我们谈完话后，她的学生像小鸭子一样在敞开的办公室门口排着队，等我收拾好包。这里是积极心理学研究中心，开展过全美很多极具突破性的工作；在这里，我和那位在实验室研究人类极限的女士交谈，她是一位非常谦逊的人。

达克沃思的工作始于在研究生院进行研究的头几个月。当时，她与积极心理学中心的主任马丁·塞利格曼（Martin Seligman）[①]在思考一个重要的问题：真正阻碍了成功的是什么？在他们看来，有三种。

① 马丁·塞利格曼被称为积极心理学之父，他的《持续的幸福》等作品的中文简体字版均已由湛庐文化策划、浙江人民出版社出版。——编者注

- 第一种是逆境，比如造成内心波动的、让人崩溃的事或者灾难等对你有重大影响的事。
- 第二种是失败和困难，而你要对其中的大部分负主要责任。
- 第三种是停滞期，即所有事都没有明显的进步或好转的微妙的时期，它可能会持续几十年之久。

在以上任何一种情况下，产生放弃的冲动都很正常也很合理。人们需要这种冲动，但也需要那种想坚持下去的冲动，而希望坚持下去的冲动就解释了为什么你能保持努力工作的能力和热情。塞利格曼和达克沃思认为，人们选择放弃就是因为缺少坚毅。

达克沃思最著名的研究是她对自制和坚毅的研究，其研究表明，**自制和坚毅是对成功最有力的预测因素之一，尤其是在那些具有挑战性的环境中**。从美国教育到全美拼字比赛，再到西点军校，她在各种环境中研究人们的坚毅。西点军校对坚毅的重要性很感兴趣。2004年，达克沃思被邀请去挑战西点军校的"候选人总得分"，即基于平均学分绩点（GPA）、学术能力评估测试（SAT）成绩、班级排名、领导能力和身体条件而得出的综合评分。达克沃思要拿这项评测与她从自我报告评估测试中得出的坚毅评估量表做对比，评估量表包括"做事有始有终""新想法和项目会分散原来的注意力"等陈述。哪一项指标能更准确地预测哪些学员能熬过"野兽军营"这个严苛的夏天？这些学员也就是那些在西点军校接受惩罚性训练的一年级学生。结果显示，候选人总得分预测的准确率达80%，坚毅得分预测的准确率达96%。

令达克沃思惊讶的是，坚毅与智商并没有正相关关系。

坚毅与如何应对失败有关，取决于人们是将失败看作一种对自身的评价，还是看作一种帮助自己进步的信息。

我想看看达克沃思能否帮我解开一个谜团。现在，暂且把这个谜团叫作塞缪尔·莫尔斯谜团吧，也就是如何培养坚毅，如何在坚毅变成非正常的偏执前及时停下来。

哈佛大学为什么要学生学习失败

坚毅不仅是坚持，还是一种不可见的耐力，是让你待在一个不舒服的地方，提高对某一特定事物的兴趣，并一次又一次地重复这样的做法。正如弗朗西斯·高尔顿（Francis Galton）所说的，坚毅不只是为了抵抗“时时刻刻的诱惑”，也是像达克沃思所说的那样，需要“数年、几十年”甚至是毫无结果的努力。与非正常的偏执不同，人们通过成功时的舒适来自我放松，而坚毅能确保人们在面对逆境时拥有持续应对的专注力。

坚毅和自制不同。达克沃思认为，自制是短暂的，是通过控制自我冲动来实现的，而这些冲动“在当下能带来快乐，过后却立马就会让人后悔”。关于自制，有个十分贴切的例子，那就是在 20 世纪 60

年代末，心理学家沃尔特·米歇尔（Walter Mischel）[①]进行的棉花糖实验，该实验研究了自我控制和延迟满足对一个人未来的预测能力。在实验中，研究者告诉每个孩子，他们可以等研究者回来得到两块棉花糖，也可以现在就吃掉面前的这一块棉花糖。有些孩子选择了立即吃掉面前的一块棉花糖，另一些孩子则更有自制力，一直等到研究者回来，得到了更多的棉花糖。对这些孩子持续几十年后的跟踪研究表明，自制的特质会延续到他们长大后，并且与高成就和高质量的生活挂钩，而其成就和生活质量通过 SAT 分数和受教育程度等指标来衡量。与自制相比，坚毅的时间跨度更大。

在研究坚毅的前 10 年里，达克沃思看起来不太像一个领域的先驱。她的父亲是一名色彩化学家，高中时，他们住在新泽西州的切里希尔，在餐桌上，父亲会问达克沃思一些问题，比如“爱因斯坦伟大，还是牛顿伟大”，或者“谁是世界上最伟大的艺术家”。在十几岁的时候，达克沃思有了这样一个假设：幸福是人的主要目的。她曾经问过父亲想要从生活中得到什么。她回忆说：

> 他说：“我想要成功，我想有所成就。”我反驳他说：“嗯，你的意思是你想要快乐，而有所成就才会让你感到快乐？”他说：“不，我的意思是我想要有所成就，我不在乎最后是快乐还是痛苦。”

① 想了解有关棉花糖实验的更多内容，可参考沃尔特·米歇尔的《棉花糖实验》，本书中文简体字版已由湛庐文化策划、北京联合出版公司出版。——编者注

于是，什么习惯能让人有所成就成了萦绕达克沃思一生的一个问题。

达克沃思大学毕业后的 10 年，可以概括为“如何变得坚韧不拔”的 10 年。在这 10 年里，达克沃斯做过需要各种技能的工作，比如教学、演讲写作和咨询。32 岁时，达克沃思决定攻读博士学位，并开始努力学习心理学。有一天，她在公寓“做着艰难而又令人沮丧的数学题”，觉得自己“还没找到一份像样的工作就 40 岁了”，尤其是想到自己的大学同学都已事业有成而她还在读书，这种想法就更强烈了。“我意识到仅靠努力是不够的，我需要在选定的道路上持续不断地努力才能有所成就。”

马丁·塞利格曼说：“安杰拉的思维跳跃速度很快，几乎是人类中速度最快的。”[3] 但是，要想获得博士学位，达克沃思就得抑制自己跳跃的思维。她向丈夫寻求帮助，她的丈夫是一位致力于可持续发展的房地产开发商，也是她的伙伴，他一直在背后支持达克沃思完成学业。例如，当达克沃思抱怨说想放弃心理学而去学医时，他就会提醒她彼此之间的约定。他说：“你不能什么都做，你必须选择一条路，而且你已经选择了一条非常好的路。”

达克沃思每天都学习、研究和教授成就心理学。在一场火爆的演讲中，她以一种少见的方式低头笑着说：“我不会演奏乐器，也不研究饮食心理学，当然，这其实很酷。我只研究成就和努力背后的心理，研究人们为什么努力和为什么不努力。”后来，她发现有一位同事正在楼下大厅里专注地研究饮食心理。达克沃思的办公室处处都暗示了她的工作内容，在L形的办公桌上，一摞厚厚的纸张堆放在文件柜的最上面，按达克沃思的逻辑倾斜着摆放，她有一项很大的任务要完成，而这需要充足的精力。我来这儿后，把包放在了地上唯一的一点儿空着的地方。

达克沃思想了解成就背后的心理，不仅是为了了解“高端人才”，也是为了了解如何将普通人培养成人才。坚毅是取得成就的关键，这一结论影响了全美国的学校。[4]美国教育部前部长阿恩·邓肯（Arne Duncan）曾经请达克沃思为美国的教育政策提建议，因为她曾经在特许学校和私立学校工作过，比如河谷乡村学校，这是一所位于纽约市布朗克斯的一流的私立学校，多米尼克·伦道夫（Dominic Randolph）任该校校长。达克沃思关注的是创造性环境中常见的评级组合机制。达克沃思的研究和想法也融入了纽约市特许学校KIPP①网络的教学方法中。该网络的联合创始人戴维·莱文（David Levin）注意到，在大学时成绩优异的学生往往是最坚毅的。

鉴于失败是培养坚毅的核心，也难怪哈佛大学校长德鲁·G. 福斯特会说人们得学着让失败变得更安全一点了。“哈佛的学生在自己擅长的领域往往会表现得很出色，而学会如何失败与他们对自己的了解和要求背道而驰。”在福斯特看来，大一新生应该读什么书呢？应该

① 指The Knowledge Is Power Program，美国的一个自由、开放招生的全国统一网络。——译者注

读凯瑟琳·舒尔茨的《我们为什么会犯错》(*Being Wrong*)。在某一届学生的毕业典礼上，福斯特“穿着清教徒牧师的服装”，站在讲坛上鼓励这些毕业生去冒险，去追求他们的 A 计划，并发表了一份几乎没有人赞同的声明——要做到以上那些，你必须先学会如何面对失败。此外，哈佛大学还发起了一个名为“成功—失败”的项目，旨在帮助学生在被拒绝和挫折中培养韧性。

艾奥瓦大学是一个“比哈佛还难进”的地方，它的国际写作项目部主任克里斯托弗·梅里尔（Christopher Merrill）告诉我，在他参加过的所有研讨会中，没有一位老师认为作家是一个好职业。他说，“他们无法判断一个人有多想要某样东西”，也不知道一个人有多愿意去工作以及在什么情况下想去工作。

“总有人问我，美国的孩子是不是学习学得太辛苦了。是的，有钱人家的孩子学的比学校要求的多得多，但是，”达克沃思坚定地说，“实际上，大多数人都会过早放弃。”相关的研究证明，那不是天赋，也不是自尊，而是努力在可衡量的成就上起了决定性的作用。一个令人震惊的事实是，与 20 世纪 70 年代和 80 年代的儿童相比，现代美国儿童的自尊心有所提高。这是一个好的趋势，但他们取得的成就并没有随之提高。有更高程度的自尊而没有与之相匹配的成就，这意味着“在过去的几十年里，即使没有擅长的事情，许多美国孩子也会自我感觉良好”。

在一次谈话中，达克沃思向我讲述了芬兰语中 sisu 一词的发展，而 sisu 是“坚毅”的同源词。从词源上讲，sisu 指的是一个人的内脏，即肠子，引申的含义是有勇气、有决心、坚韧不拔、面对逆境勇往直前。对芬兰人来说，sisu 是民族文化的一部分，也是芬兰人在面对恶劣气候时必须拥有的精神。在这个地处北欧的国家，骄傲等同于忍耐。芬兰登山者韦卡·古斯塔夫森（Veikka Gustafsson）登上南极洲的一座山峰后，将这座山峰命名为 Sisu 山。芬兰史诗《卡勒瓦拉》（*The Kalevala*）歌颂了人们抵御战争和面对外来侵略时坚韧不拔的精神。即使是蒸桑拿，也需要坚韧不拔的毅力——在这个大约有 550 万人的国家，有 200 万人会在蒸完桑拿后裸着身子跳进冰冷的波罗的海，也就是说，每三个芬兰人中就有一个会这样做。这里的环境、气候和文化使芬兰成为最坚韧的国家之一。

芬兰的教育体系目前在世界排名第一。在芬兰，没有课后辅导或培训，课堂上也没有什么“奇迹教学法”，学生和老师都直呼对方的名字，并且老师几乎都有硕士学历。此外，课堂上还有很多的“创造性游戏”。[5] 我想，从某种程度上说，使人成功的更大的、未说明的原因或许就是 sisu 和游戏的传统。

达克沃思问：“如果你听到人们谈论自己要做些什么来培养坚毅，那不是好事一件吗？”

莫里斯：从画家到电报的发明者

说起坚毅的人，达克沃思想到了两个人，一个是她最喜欢的一位演员——威尔·史密斯。史密斯曾说过："我与他人唯一的不同之处，就是我不怕死在跑步机上，我永远都不会精疲力竭的。你或许比我有才华，比我聪明，比我性感，或许我身上有的东西你全都有，但如果我们一起踏上跑步机，那只会出现一种情况：你先停下，否则我就跑死自己。这听起来是不是很简单？……我不会输！"

另一个是发现DNA结构的詹姆斯·沃森（James Watson）。7月的一个下午，沃森在冷泉港的办公室告诉我他能完成这一突破性研究的原因："小时候，我的智商不高，但我仍然想做一些重要的事情，我知道这需要坚毅，这是毫无疑问的。"需要注意的是，沃森对达克沃思的研究一无所知，因为他正专注于研究癌症。对于自己的爱好，沃森也是坚韧不拔的。"我想和罗杰·费德勒（Roger Federer）① 在一起待上一个小时。"这位80多岁的科学家说，他在五六十岁的时候开始认真打网球，并且用和费德勒一样的网球拍截击。"我想看看我能不能赢他，哪怕是一分也可以。"

当然，说到坚毅的人，塞缪尔·莫尔斯肯定也是一位。莫尔斯用齿轮、钟表弹簧等零件制作了第一个电报机模型。他把模型放在一个木制框架里，而这个废弃的木制框架原来放的是一副他永远也不会完

① 瑞士男子职业网球运动员，被认为是史上最伟大的球员之一。——编者注

成的画。

莫尔斯渴望成为一名艺术家。26 年来，他一直努力成为一位知名的画家。他曾经极具野心地表达了自己的抱负："我要成为那些要复兴 15 世纪的辉煌的人中的一员，成为堪比拉斐尔、米开朗琪罗等天才画家的人物，成为这个国家正在崛起的天才星座中的一个。"40 多岁时，莫尔斯想把他以前的画都毁了，因为他的画受到了各种可以想象到的批评，也挣不来钱，无法养活自己和家人。他感到自己被"抛弃"了，对绘画的热情也随之化为灰烬。

后来，莫尔斯用点和线将整个国家、整个世界联结了起来。Telegraph（电报）一词来自希腊语中的 tele 和 graph，意思是"消除了空间和时间的阻隔"。电报那种前所未有的通讯速度就像是"束缚住了天上的闪电"。正如一篇文章所说的，它那种"近乎超自然的力量"令人震惊，令人"惊讶、困惑"。以前，从费城到弗吉尼亚州，人们需要两个星期的时间骑马或者步行来传播签署《独立宣言》的消息。而有了电报，新闻在几分钟内就在全美传开了。一个控制记录键的电路，包括杠杆、磁铁、触笔和卷轴，通过电流形成点和线。虽然完成代码和中继需要几十年，但这个想法从一开始就是正确的。收藏于美国国家博物馆的电报机模型是人类聪明才智的体现。许多人把电报称为"闪电线"，认为它是"人类思想最伟大的胜利"。

肯尼斯·西尔弗曼（Kenneth Silverman）写了一本有关这位画家和发明家的传记，并给它起了一个十分恰当的标题——《闪电侠：塞缪尔·F. B. 莫尔斯被诅咒的一生》(*Lightning Man: The Accursed Life of Samuel F. B. Morse*)。

作为纽约国家设计学院的联合创始人和主席，在后革命时代，莫尔斯致力于帮助美国人培养艺术感。但是，在新英格兰的“迁徙漫游”无法让他维持生计。在发明电报前，他靠给人画肖像画为生，并且一幅画只卖 15 美元。莫尔斯在纽约的画室里作画、睡觉，把家人安顿在纽黑文。他说：“如果我要生活在贫困之中，那跟其他地方比起来，这儿也不差。”他挣了点儿钱，但展出那些画作使他负债累累。莫尔斯认为自己的绘画生涯是失败的，也让他的家庭陷入了困境。之后，莫尔斯进行了近 20 年的尝试，创建了一个横跨大西洋的电报机模型。这个过程充满了挫折、令人望而却步的债务、社会的背叛和公众的争议。在他生命的最后阶段，莫尔斯觉得自己已经忍受了足够的折磨，而且这些折磨足以让任何人“流亡、被关进精神病院或者寻死”。[6]

1832 年后的一段时期，莫尔斯住在纽约城市大学，也就是现在的纽约大学。他是学校里的第一位绘画教授。在华盛顿广场上，莫尔斯把帆布的木背牢牢地钉在一张桌子上，把电报机模型固定起来。电池、电线和第一个装置框架对他来说太粗鲁、太粗糙了，除了亲戚和信得过的学生，“他不愿意让任何人看到它”。

在结束为期两年半的欧洲之旅，乘坐“萨丽号”驶向纽约的途中，莫尔斯在练习绘画时想到了电报这个主意。他在三页纸上画出了电报的原始概念图，在一个有关国家的列表下构建了“符号系统和仪器”，这可能是他通过想象中的电报发送的信息的模型，上面写着：“战争、荷兰、比利时、联盟、法国、英格兰、反对、俄罗斯、普鲁士、奥地利。”

1837 年，莫尔斯为电报机模型申请了专利，因为他听说波士顿一位叫查尔斯·杰克逊（Charles Jackson）的医生也可能会申请专利，对差一点成功的恐惧迫使莫尔斯提前出了手。

有一幅画是莫尔斯在有生之年都不愿意再看到的，那是他在辞去绘画教授一职而去专心研制电报之前完成的，这幅画也为他赢得了国际上的赞誉。在这幅 1.8 米 × 2.7 米的《卢浮宫画廊》(*Gallery of the Louvre*) 中，莫尔斯临摹了 38 幅画，主要是意大利画家的作品，包括达·芬奇的《蒙娜丽莎》，提香几幅的作品，委罗内塞（Veronese）、普桑（Poussin）、鲁宾斯（Rubens）、克洛德·洛兰（Claude Lorrain）的作品，以及卢浮宫墙上的画。[7]

在 14 个月的时间里，莫尔斯为这幅画费尽了心血。美国当时最著名的小说家詹姆斯·F. 库柏（James Fenimore Cooper）说，在霍乱爆发期间，莫尔斯冒险外出，还保持着苦行僧般的工作习惯，这幅画“在卢浮宫引起了轰动”，有大量的人围观，就像“自己开了一所学校一样”。库柏几乎每天都会在卢浮宫的二楼停下来看莫尔斯画画，就像看台上的体育迷为运动员加油一样为他打气：“把它放在这里，塞缪尔，多点黄色，那鼻子太短了，那只眼睛有点小，天哪，如果我是一位画家，那我会画出多么伟大的作品啊！”[8]

1833 年，这幅画在纽约百老汇和松树街的 Carvill & Company 书店展出，但未能引起公众的兴趣。想要观赏这家书店展出的作品，要付 25 美分。评论很热烈，但公众没有反应。经济价值与艺术价值是不一样的，之后，这幅画的售价仅为开价的一半。“我的职业……”莫尔斯说，“靠的是慈善。”1982 年，特拉美国艺术基金会以 325 万美元的价格买下了莫尔斯的《卢浮宫画廊》，这是当时美国绘画作品售价的最高纪录。[9]

莫尔斯认为，《卢浮宫画廊》就是他的全部。这幅画有一种领先于时代的想法，展示了沙龙曾经的仪式空间，在那里，一些作品被“雪藏”或者被挂在天花板附近、藏起来，就像整个画廊根本没有作品一样。[10]

与最终受欢迎的程度相比，莫尔斯之前那一连串的失败似乎令人难以置信，所以人们都在猜测他的个性。有些人认为他“成功了，没有在种种挫折和艰难中沉沦”简直是一个奇迹。《家庭杂志》对莫尔斯进行了一项非官方的颅相学测试，得出的结论是，莫尔斯是一个“有强迫性、有毅力、任性、自立、独立、有抱负、心地善良、善于交际的人，但是他有点自私，并且自私到只顾自己的利益”。确切地说，莫尔斯只是可能具有这些特性，但他本人认为这些都不恰当。

所有研究都需要坚毅

坚毅这一能力适用于人们的各种兴趣爱好，它可以在追求的过程中表现出来，并随着时间的推移出现在多个领域。坚毅的表达方式有很多，可以通过绘画表达，也可以通过发明电报表达。达克沃思说：“改变研究领域没有问题，但这需要坚韧不拔的毅力。”

莫尔斯在书信中记录了他在欧洲四处漂泊，学习绘画和艺术，最后成为纽约城市大学教授的过程。他研究人们在面对失败时的反应，并且发现，要想进伦敦皇家艺术学院学习变得“难上加难”了，因为学校出台了一项新的规定，即要求学生也要了解解剖学。莫尔斯在写给父母的信中说，他觉得“因为这种情况而受到了激励——这所学校不好进，如果我能进去，那就是一项莫大的荣誉”。当莫尔斯在伦敦与著名的画家华盛顿·奥尔斯顿（Washington Allston）一起学习时，他在给家人的信中写道：

> 这真是一件令人痛心的事……我努力画了一整天，为我的作品感到高兴。我把这幅画拿给奥尔斯顿先生看，希望能得到他的赞美，不仅仅是赞美，我还期待听到他说“十分优秀”、“干得不错”和“太让人敬佩了”。可是，我太心痛了，在漫长又可怕的沉默后，奥尔斯顿先生说：“先生，这幅画非常糟，根本没有成型，这简直就是一摊泥，就像是用砖灰和泥土堆砌出来的。”

刚听到这番话时，莫尔斯想把他的“调色板刀插进”那幅画里，但后来他明白了，“奥尔斯顿先生并不是一个只会奉承的人，他是我的朋友。我要想进步，就必须看到自己的缺点”。

用阴影可以表现一个物体的深度和体积，而把物体的颜色与和它最不相似的颜色混合在一起，比如黄色与紫色、橙色与蓝色、红色与绿色，可以形成阴影，这是所有画家都了解的色彩理论。同样，莫尔斯想研究他的偶像们是如何在各种冲突中绽放光彩的。莫尔斯曾与著名画家本杰明·韦斯特（Benjamin West）一起学习，他想知道韦斯特是如何以一种“高尚的精神”承受“如此多的辱骂”和“恶毒的言语”，还能依旧“无视敌人的讥笑、奚落和诽谤”的。莫尔斯还开始关注乔托（Giotto）和基尔兰达约（Ghirlandaio）等老艺术家，他们的作品经常被认为是“粗鲁、生硬、枯燥”的，因为不同的作品表达的东西是一样的。

莫尔斯几十年的信件表明，他将这种观点扩展到了其他领域。在去佛罗伦萨和罗马的路上，莫尔斯在厄尔巴岛停留了一段时间，在战败后的拿破仑曾住过的房间里来回踱步，他躺在床上，“努力设想自己醒来时，在非同寻常的情况下看到了相同对象的那一刻，然后他回忆了生活中的挫折，到此时为止，他认为自己显然是占了上风的”。

大约是在反思杰克逊和教皇格列高利面对失败的反应时，莫尔斯觉得自己的绘画技术开始进步了。莫尔斯在纽约百老汇的一个工作室安顿下来，开始教一些学生。“我人生中狂风暴雨的部分结束了”，他说，好像可以预知未来似的。果然，没过多久，莫尔斯就申请到了电报机模型的专利。

尽管电报装置中出现了错误警报和逆流，但莫尔斯仍然坚持自己的观点。莫尔斯对朋友说，他的电报“试验”是“伴随着最有价值的东西而来的”，并且“会从中吸取到重要的经验，而这些经验对电报的发展无疑是有益无害的”。

1842 年，莫尔斯试着用他新发明的电报装置通过曼哈顿到加弗纳斯岛的电缆发送信息，这条埋在水下的电缆长达 1600 米。《先驱报》在宣传中称，这是一个见证“对整个文明世界的情报传播模式进行彻底的革命”的机会。有几个字母很顺利、很成功地发送过去了，突然，信息的发送被中断了。看起来，这次试验似乎是失败了，但实际上，这是由一场意外造成的—— 一艘过江船的船锚缠住了电缆。在又一次“令人痛心”的失败后，莫尔斯几乎无法入睡。那天晚上，他一直在思考如何通过失败找到一个解决方案。如果把电线都撤了，会发生什么？水本身就可以导电。这一想法使电报插上了翅膀，跨越了浩瀚的海洋。不过，这一突破在这个领域需要几十年的时间才能实现。

有一次，莫尔斯写信给他的朋友费尼莫尔·库柏（Fenimore Cooper）：“我有几次听到人说，我比我们国家的艺术早出生了 100 年。”他说，他是为成为一个“开拓者”而生的。

坚毅，让人拥有不断改进的机会

坚毅让人感觉就像在走一条直线，好像人们在以一种不太正常、不太舒适的方式钻研，然后再改进。达克沃思说：“坚韧不拔的人总是坚持沿着一条路前进，而坚毅就是在路上遇到挫折或困难时，选择一次又一次地克服它们。”当然，达克沃思对此进行了进一步的解释。

> 无论在做什么，你都必须弄清楚何时该付出努力，何时该放弃。做事效率高的人能做到这两点，他们内心总是不断地询问自己是否在这条路上待得太久了。他们靠改变低水平的策略来实现更高层次的目标。策略的水平越高，你就越应该坚持。水平越低，它就越具体、特别，你就越想放弃它。我觉得这是一个很好的经验法则。

我问过达克沃思，是否做过有关人们如何摆脱坚毅的黑暗面的研究。“我不确定我们是否清楚这个。”她告诉我。当一个人专注于某件事时，我们很难衡量是什么让他退缩、改变方向，但她透露：“这是我们未来几年要研究的问题之一。”

与其说坚毅是一种科学，不如说它是一种艺术。真正的坚毅根本就不是坚毅，这似乎就是有关莫尔斯的谜团。

我去向达克沃思寻求答案，不过，还有两个问题似乎更让达克沃思、米歇尔、邓肯和伦道夫这些先驱和政策制定者感兴趣，这两个问题就是艺术和设计的过程如何帮人培养灵活的坚毅，以及灵活的坚毅对创新的重要性。我先是从河谷乡村学校校长多米尼克·伦道夫那里听到了这两个问题的答案。河谷乡村学校把达克沃思在教学中培养坚毅的理念付诸了实践。6 月的某一天，我们几乎没有时间吃早饭，大部分时间都花在了交谈上。伦道夫在说明学校如何帮学生培养坚毅的过程中交织着有关创作、空间和视觉思维以及艺术和设计的教学方法，这些都有助于培养坚毅这一重要特质。伦道夫说，大多数学校是围绕着“单一模式”进行的，深入研究一件事，却看不到它与其他想法之间的相互联系。为了让学生了解坚毅，伦道夫意识到，他必须得让学生们明白，培养坚毅没有捷径。

在美国的大部分公立学校中，主要通过艺术来培养坚毅。但在美国，艺术从 20 世纪 70 年代起就几乎不复存在了。自 1990 年以来，美国学生的创造力得分在总体上有所下降，但根据 1968—2008 年的托兰斯创造性思维测试，幼儿园到六年级的学生创造力得分自测试开始的那年只出现了首次下滑。在同一时期，智商增加的周期为 10 年。[11]

随着艺术的消失，艺术赋予人们礼物的途径也随之消失了：这力量经受得住内心模棱两可的考验，直到能辨别出是去解决问题还是放弃并重新看待问题，或者什么时候像莫尔斯那样去看待问题。力量来自创造性过程中所需要的集中思维和发散思维。随着艺术和教育方面的投资的下降，人们变得更聪明了，却缺少了找到问题的解决方法的能力，邓肯也指出过这一点。如果不够坚毅，人们就不可能坚持到问题被解决的时候。

河谷乡村学校与“想象游乐场”[①]进行了合作。想象游乐场由罗克韦尔集团的建筑师、设计师戴维·罗克韦尔（David Rockwell）开发，这是一个巨型的、采用了耐老化的蓝色材料制成的模块库，这里没有任何的游戏规则。伦道夫说，它让“孩子们建造一些东西，这个过程就是让他们创造一些不成功的东西”。伦道夫发现，起初，一个三年级的小组一直无法开始游戏，因为这里没有任何游戏规则，也没有固定的规则，这是“有目的的自由游戏”。这里以一种适当的方式消除了挫折和失败的消极含义。

伦道夫说：“我们可以通过失败培养坚毅和自制能力，但在美国的大部分学术环境中，没有人是会失败的。”在美国文化中，尤其是在那些小联盟运动比赛中，不管选手表现如何，每个人都能获得某种形式的奖励。这种形式的游戏、建造、创造使“有挫折也是完全OK”的。

伦道夫的灵感来源于他大学毕业后的一段经历。当时，他想从事铜版画的研究。他去了意大利的佛罗伦萨，找到了一家为罗伯特·马瑟韦尔（Robert Motherweu）和毕加索出版过作品的出版社。这里没有人招呼他，只有一位老师进来，给了伦道夫一个奥尔斯顿式的反

① 指一种游戏系统，旨在发散儿童的创造性思维。——译者注

馈。伦道夫不懂意大利语，但他说："我知道把我的作品扔在地上代表什么……"

在伦道夫说这番话时，我意识到，这就像莫尔斯在自己的画被批评后的自我评价一样。伦道夫称这次经历是"我一生中最难忘的经历"。

注重结果，也要注重过程

从本质上来说，当莫尔斯把画布上的担架杆变成电报机模型时，他仍然是在创造。莫尔斯不是科学家，也不是开尔文勋爵，但他很聪明，电报并不是他的第一个发明。几年前，他发明了一种可以复制大理石雕塑的机器，但这个发明无法申请专利，他还发明了一种皮革活塞。[12] 莫尔斯曾与哥伦比亚大学的詹姆斯·F. 达纳教授（James Freeman Dana）一起研究过电力的发展。他还是美国第一个尝试达盖尔摄影法的人，曾在巴黎跟随路易斯·达盖尔（Louis Daguerre）学习摄影。发明了电报机之后，莫尔斯仍在通过制作、游戏和艺术历史学家亨利·福西永（Henri Focillon）所说的"手头的思想"进行创新和创造。

发明电报时，莫尔斯已经在一个以坚毅和重塑为先决条件的领域工作了 20 多年。

在艺术领域，不顾公众舆论而坚持己见关乎一个人的生存。这种技能几乎和天赋一样重要，它意味着既注重结果，也注重过程。

Crit 是莫尔斯在书信中所揭示的创造性环境，他经历过这种灵巧的坚毅。Crit 是 Critique（批评）的简写，在莫尔斯作为本科生走进耶鲁大学校园的几个世纪后，它依然是耶鲁大学艺术学院等全美艺术项目的核心。在耶鲁大学摄影系，批评发生在“洗片池”里；在绘画版画系，它出现在“深坑”里，这是位于各自主楼下的两个长方形房间，这种设计增强了视觉上的感受。学生常坐上 45 分钟来听老师或者其他学生讨论周围墙上的作品。耶鲁大学艺术硕士、画家利萨·尤斯卡维奇（Lisa Yuskavage）对批评的思考，会让人感觉那是一场“裸着站在公共场合的噩梦”，但又增加了“一些你害怕的其他东西，比如裸体站在公众面前，还要转上几圈”。也许是因为一直以来，坦诚是其道德准则。

“艺术源于失败。”传奇概念艺术家约翰·巴尔代萨里（John Baldessari）说。1970 年，加州艺术学院成立的第一年，他在那儿开设了“后现代工作室”的批评课程。他焚毁了 1953—1966 年创作的一些不符合他个人标准的作品，这就是他的《火葬工程》（*Cremation Project*）。“你必须尝试一下，你不能坐在那里不动，害怕说错话，而应该要说‘我要么不做，要做就做得惊天动地’。”

批评的目的是帮助学生缩小意图和实际效果之间的差距。正如莫尔斯所说的，这可能要忍受一些残酷的、“令人痛心的”评论。概念艺术家梅尔·博克纳（Mel Bochner）曾是耶鲁大学的一名教职工，他对一名学生说，“回到图书馆，从头开始学习”，就像他曾对一名对艺术史一知半解的艺术硕士所说的那样，而这种情况时常发生。当然，过多的外界批评和自我批评也会摧毁创造性精神，触发任何防御机制都无法抵挡的攻击。

批评是艺术家学习创造性平衡的悖论的一部分，这也意味着要学习画家伊丽莎白·默里（Elizabeth Murray）的智慧：“你是正确的，但并不意味着其他人都错了。”耶鲁艺术学院摄影系主任、摄影师格雷戈里·克鲁森（Gregory Crewdson）明白，在艺术创作的道路上，这是一种仁慈的方式，他鼓励艺术家去“发现那 1% 的真正对你有用的东西”，“把你听到的 99% 的东西都忘掉”。不断重构批评可以帮助艺术家厘清差评的谜团，弄清楚哪些反馈是可以忽略的，哪些反馈是需要吸收的。

批评体现了圆的智慧。这是诈骗神埃斯胡－埃莱格巴（Eshu-Elegba）传说的中心，这个西非约鲁巴传说是我从传奇艺术历史学家罗伯特·F. 汤普森（Robert Farris Thompson）那里得知的。埃斯胡－埃莱格巴戴着一顶装饰着浅红色的鹦鹉羽毛的帽子，从前额到脊椎有一条线把身体一分为二，一半漆成白色，一半漆成红色。镇里的一些人认为他戴着一顶红帽子，另一些人则认为他戴的是白帽子，只有一个走遍全镇的人知道那顶帽子有两种颜色。奇努阿·阿切贝（Chinua Achebe）在谈到西非伊博人的化装舞会时，讲了这则神话故事带给人们的启示：

> 如果想把一个事物看清楚，你就不能只站在一个地方……
> 如果一直站在一个地方，你就会错失很多沿途的风景。

这就是关于十字路口的传说的意义，也是批评的含义——不围着它走一圈，不从尽可能多的角度去观察它，然后充分地衡量它，你就不可能了解它。

在进行重构时，不仅要考虑艺术家表达的是什么样的主题，还要考虑作品的主题试图解决什么样的自我界定的问题，比如说，塞尚的目标是在画作中尽量自然地表现万物，莫尔斯试图让卢浮宫的场景变成一种历史题材。“每一个艺术作品都能被视为一个历史事件，也可以被看作对某些问题的解答。”艺术历史学家乔治·库布勒（George Kubler）在《时间的形状》（*The Shape of Time*）一书中谈及艺术创造的形状时这样说。书中描述了库布勒所认为的跨越时代的艺术发展背后的生成力量。库布勒认为，一些艺术家处理的是基本问题，即他所谓的“主要对象”，这些问题不能被进一步细分，因为存在无穷无尽的潜在答案链。“重要的是，解决方案表明了存在某些问题，而随着解决方案的积累，”他说，“问题会改变。”

许多艺术家以这种意想不到的方式谈论自己的作品。弗兰克·格里（Frank Gehry）认为，建筑是“将知性美学观点引入视觉问题”。米罗在写给 J. F. 拉福尔斯·蒙特罗伊格（J. F. Ràfols Montroig）的信中讲述了他在“发现新问题”时的亢奋。米罗认为，这将会让他把“一件有趣的作品变成一幅出色的油画”。巴尔代萨里写了一篇文章，文章的内容是如何解决问题是艺术创作的宗旨。

詹姆斯·沃森说：“人们会忽略洞察力，因为他们并不重视这种能力。问‘为什么’比问‘是什么’更重要。”当你把正在进行的工作看成一个急需找到答案的问题时，就要集中精力并关注周围的变化。所以，舞蹈家特怀拉·萨普主张以争斗的方式去发现那些你要处理的问题以及你要用争斗表达什么，毕竟，每一位创新者的内心都住着一个叛逆者、一个对现状不满的人。然而，使叛逆者叛逆的原因往往是不明确的，但知道你在为何而争斗有助于辨别其原因。

沃森说：“超越某个人或某件事是很重要的。”把想法框定成一个问题会促使人们去不断追求那些看似不完整的东西。而“不敢涉足其他领域，只是因为人们认为自己无法超越已有的事物”。

通过创建一系列修改过的图像，将自己要做的事重新定义为一个待解决的问题。这种内在的图像能帮人们调整目标，而且，它不仅发生在艺术创作中，也发生在视觉思维里。

重构，把艺术家的工作室变成实验室，将之前从未考虑过的东西结合起来。也许，不是所有答案都像莫尔斯的那样显而易见。莫尔斯的学生回忆说，在华盛顿广场上，他们看到了电池、电线和木头材料，还有“画布上原封不动的素描”。其中一个叫丹尼尔·亨廷顿

（Daniel Huntington）的学生记得莫尔斯画室里的很多细节，比如，像在观察一个实验一样，莫尔斯会把颜料和牛奶混在一起，有时还会把它们和啤酒混在一起。1837 年 9 月 2 日，在纽约城市大学，莫尔斯发明了电报装置和莫尔斯电码——这是莫尔斯在用另一种方式画素描。

艺术与科学的结合

许多人认为，将艺术和科学结合起来十分有必要。1959 年，C. P. 斯诺在一场名为“两种文化与科学革命”的演讲中宣称，人们需要加深对西方文化中科学知识分子与文学知识分子之间的联系的理解。此后，将艺术与科学相联系的号角吹响了。社会生物学家爱德华·O. 威尔逊（Edward O. Wilson）后来说，艺术和科学之间应存在一种“一致性”。也有些学者，如库布勒坚持认为，每件艺术作品都是答案链中的一个新环节，科学和发明也是如此。

美国国家航空和宇航局的退役宇航员梅·杰米森（Mae Jemison）在她的第一次太空之旅中带上了一些照片，包括一位舞者的海报、前阿尔文·艾利舞蹈团的艺术总监朱迪思·贾米森（Judith Jamison）表演舞蹈《哭泣》（*Cry*）的海报，还有一张来自塞拉利昂的雕像的照片。她说，因为“创造力让我们……去构思、去建造、发射航天飞机，这与雕刻原石雕像所需要的想象力相同，也与设计、编排和表演《哭泣》所需的独创性相同……是一种把事物在脑海中进行调和、结合的方式”。正如一位爵士音乐家曾对我说过的那样，音乐家既是艺术家又是数学家。

莫尔斯的故事表明，这种争论的起因并不是要将艺术和科学结合，而是艺术和科学曾相距不远。美国《国家杂志》(*The Nation*) 的小弗兰克·M. 马瑟（Frank Jewett Mather Jr.）说，莫尔斯“是一个艺术家之上的发明家”，这一点毋庸置疑。那么也可以说，莫尔斯之所以能成为一位发明家，是因为他一直都是一位艺术家。莫尔斯的最后一幅画仍反响平平，他在那幅画上花了 15 年的时间，但这仍未能给他带来一点点可以养家糊口的东西。对于莫尔斯为什么从艺术领域转向发明创造，是有据可查的。事实上，艺术创作和发明创造所需的技能是一样的。

莫尔斯创作了《众议院》(*The House of Representatives*)，想要以此证明自己适合接受国会的委托，来创作一套用于装饰美国国会大厦的画作。《众议院》有一个奇特的构图焦点，画的中心是一个男人全神贯注地在拧一盏油灯的场景。不过，莫尔斯被由约翰·昆西·亚当斯（John Quincy Adams）领导的美国国会委员会“驳回了”。莫尔斯将这幅画展出了 7 个星期，从塞林小镇、马萨诸塞州的咖啡厅，到纽约、波士顿、米德尔顿和康涅狄格州的哈特福德，但前两个星期反而赔了 20 美元。再加上一连串令人尴尬、直击灵魂的艺术方面的失败，莫尔斯在床上躺了几个星期，“比以往任何时候都更抑郁”。正是这最后的拒绝迫使莫尔斯将精力转向了电报的发明。[13] 1844 年，莫尔斯前往美国国会大厦，电报的专利申请让议会的工作人员忙得晕头转向。

一个世纪以后，在纪念电报机发明的百年庆典上，作为一名画家的莫尔斯，以其绘画作品震惊了众人。莫尔斯的一个学生，塞缪尔·艾沙姆（Samuel Isham）似乎意识到，老师的发明可能与艺术基础没有关系。但是，艾沙姆希望人们都能记住，使莫尔斯教授“闻名于世”的“精神品质”，实际上是“在艺术研究过程中发展起来的”。莫尔斯也觉得，他一直拥有“一颗艺术家的心”。

如果一个人没有培养出坚毅的品质，那一定是因为他没有重视创造、努力以及创造和努力教会人们的东西。

只有那些能从激进的角度看待同一组变量，并能从中发现新的可能性的人，才能进行发明创造。只有在创造性实践中，才能出现视角转换的灵光一现。它向人们提供了灵巧的坚毅所需的力量，帮助人们感知桥梁何时倒塌。它不限制人们的眼界，就像一个画家多年来一直盯着一套帆布担架，却突然在某一天发现它能成为一种通信工具的原型一样。

当到达莫尔斯位于波普浦西的洛克斯特格罗夫的意大利式别墅时，我想好好观察观察它。莫尔斯对建筑设计师的要求主要是，从花园走到房间，这一路的风景不能一眼望去就尽收眼底。要想完全看到它，必须得花一点儿时间。莫尔斯想让房子能“于青翠中被窥探到”。当时的园林绿化传统造就了这种风格。莫尔斯曾希望像伦勃朗那样成为一个开创者，也曾想成为像本杰明·富兰克林一样的英雄。就像他在给一个朋友的信中所说的那样，他想要的是简简单单的“默默无闻”。对这样一个人来说，这是一种再合适不过的设计了。这条弯曲的小路正好与莫尔斯从艺术领域的及时抽身，并在发明领域达成了他的成就相呼应。这也说明了及时又灵巧的坚毅在付诸行动时会是什么样子。

故事，即感知到的事实，构成了人类的科学。早在研究能证实这一点之前，它是最早的心理学形式。也许，这就是为什么会有关于发明家和艺术家的神话。就像莫尔斯在世时，出现了关于他的神话一样。莫尔斯从未完全放弃过最初的抱负。“我有时会沉迷于一个模糊的梦，我再度拿起了画笔”，他向费尼莫尔·库柏说道。这位曾在卢浮宫待了几个月的男人，后来去过很多国家，却再也没有涉足一座博物馆。莫尔斯后来称他发明的电报是美国“艺术”领域的一部分——这是一种如何从看似毁灭中进行创造的艺术。

第二次世界大战后，电报为电话的普及铺平了道路；光缆取代了沿海的绝缘铜线，“探测仪”和点击装置接踵而至，取代了电报。然而，电报仍是连接世界各地的桥梁的基础。

达克沃思说，破译如何培养坚毅“类似于发现半导体”。目前，她正在与哥伦比亚大学自制研究领域的先驱米歇尔教授合作，研究人们是如何发展出这种品质的。

当我想到达克沃思在她丈夫身上找到的、伦道夫在意大利出版社的老师身上找到的、莫尔斯在奥尔斯顿身上找到的，以及许多艺术家从他人的批评中找到的东西时，我想知道，坚毅所需的内在源泉是什么，那源泉是存在于内心的吗？

现在似乎是讲述莫尔斯的艺术和发明之路的时候了。达克沃思笑了笑，不一会儿，她想起了米歇尔接受《纽约时报》记者戴维·布鲁克斯（David Brooks）采访时被问到的一个问题——“如果不得不重新来过，你会选择成为一个什么样的人？”米歇尔想了想说：“我可能会成为一名画家。”

尾注

[1] 心理学家认为，之所以会出现这种情况，首先，是因为成功的次数越多，人们就越不可能从评论家那里寻求信息，结果往往导致这样一种情况——人们认为不会有更好的结果了，因此不会做出任何改进。其次，是因为在取得成功之后，承担风险要付出高昂的情感代价，而这种代价可能会阻碍人的发展。

[2] 比如说，1847 年，英格兰的迪桥；1879 年，苏格兰的泰桥；1907 年，美国的魁北克大桥；1940 年，美国华盛顿塔科马海峡吊桥；1970 年，英国米尔福德港、威尔士以及澳大利亚墨尔本的大桥；2000 年，伦敦千禧桥和巴黎心锁桥。其中，最后这两座大桥在开放的那天就因桥体不稳而被迫关闭了。

[3] 有一天深夜，达克沃思一边照顾年幼的女儿一边研究心理学博士学位的项目，她找到了塞利格曼的联系方式，并给他发了一封邮件。那时，塞利格曼正因失眠而在网上玩桥牌游戏，他看到了达克沃思的邮件，迅速回复了她并邀请她第二天来参加一

项研究活动。小组讨论结束时，塞利格曼被达克沃思的言论震惊了。那个时候已经是 7 月了，但塞利格曼还是游说同事们忽略了招生时间表，让达克沃思来面试。于是，几个月后，达克沃思就开始攻读博士学位了。

[4] 对坚毅的发现，似乎建立在斯坦福大学的心理学家卡罗尔·德韦克（Carol Dweck）一直以来所倡导的有关成长思维的重要性的基础之上。如德韦克里程碑式的研究所发现的那样，只专注于表扬而不让学生觉得自己犯了错，会使他们对失败产生恐惧，从而不利于学习。在多数情况下，这还会导致心智发展的倒退。相反，鼓励学生努力而不仅是对取得的好成绩予以表扬，能够使学生在失败之后仍然保有信心，并且能提高学习成绩。换句话说，不犯错误的学习方式现在正在受到质疑。

[5] 帕尔塔宁（Partanen）称，芬兰没有私立学校，即便有，也是由政府资助的。这是芬兰与其他寻求改进教育模式的国家之间的主要区别。

[6] 莫尔斯把他的画作《众议院》交给了美国众议院，这是一幅前所未有的描绘众议院在美国国会会议厅开会时的场景的画作。他把画给了柯蒂斯·杜利特尔（Curtis Doolittle）探员，但画的名字暗示了接下来会发生的事——什么也不会发生。而这次旅行的费用比收入高出近一倍。

[7] 莫尔斯忽略了挂在那儿的法国浪漫主义作品，如泰奥多尔·席里科（Théodore Géricault）的《美杜莎之筏》（*Raft of the Medusa*）。

[8] 在莫尔斯完成这幅画的几年前，库柏和他的家人一起去了法国，并与他的妻子、女儿一起作为画廊的参观者出现在画的左边一角。莫尔斯的目标是将历史绘画作为欧洲现存的美国艺术形式发展下去。

[9] 莫尔斯的作品是在 1982 年被收购的。2005 年，阿舍·B. 杜兰德（Asher B. Durand）的《志同道合》（*Kindred Spirits*）以超过 3500 万美元的价格被收购，打破了这一纪录。

[10] 这幅画不再单纯是错觉绘画的舞台，现在已成为一种媒介。一个多世纪后，在巴黎，

伊夫·克莱因（Yves Klein）建造了一个空荡荡的画廊，在两天的冥想绘画中，他画了一副紫红色的画，这正是他在巴黎展览的内容。展出时，前来参观的人摩肩接踵，不得不动用警力来驱散那些喝着染成克莱因蓝的鸡尾酒与会者。精心绘制了所有挂在画廊墙壁上的画作的莫尔斯可能从未想象过画廊的空间还有这样的用处。有些人笑了，其中一个人“笑出了眼泪”，加缪或许真诚地，或许是开玩笑地在留言本上写道，“带着空虚的、充沛的力量”。

[11] 托兰斯创造性思维测试既有言语部分也有图画部分，但弗吉尼亚州威廉与玛丽学院的研究员金庆熙（Kyung-Hee Kim）专注于研究图画部分，研究如何用不完整的图形和物体构成图像。文中的数据是由金庆熙的一项研究得出的。.

[12] 对于皮革活塞，伊莱·惠特尼（Eli Whitney）表示支持，本杰明·西利曼（Benjamin Silliman）在他的新期刊《美国科学》杂志（*American Journal of Science*）第一期刊登了活塞的图片。现在,《美国科学》已成为美国发表科学发现论文的主要阵地之一。

[13] 尽管莫尔斯提出了申请，他还具有美国国家艺术与设计学院（即后来的纽约国家设计学院）创始人的地位，但他还是被拒绝了。关于为什么会被拒绝，有些学者怀疑是因为他的本土主义政治观念。

差一点成功，是无限可能的开端

我们在这里待了几个小时，
至多一日。
能感觉到周围的地形，
和我们的新肢体，
撞到一堆尸体
已在这片土地上安息。
时光飞逝。草被压弯了腰
然后再次站立起来。

特蕾西·K. 史密斯（Tracy K. Smith）

在盐滩上，在高山上，在北极，天空的光辉并不能与恒星之光辉相媲美。在那儿，人们可能会看到一束孤独的光，却不会把它看成匆忙的赶路人。人们曾仰望星空，不仅是为了寻找人类成长的故事，也是为了勾勒出人类未来所做之事的轮廓。

几个世纪以来，每个社会绘制星座和星群的方式各不相同。在中国文化中，人们会观察天空，观察天上的光，就像观察陆地上的人一样，然后以统治者和战士的名字而不是神话人物的名字来为星星命名。如今，我们能看到的几乎所有恒星都被分割成了不同的区域，这些区域是根据 17 世纪和 18 世纪的模型编纂而成的。对人类的肉眼来说，似乎已经把天空那神秘的图景描绘得如此透彻了。20 世纪中期，有些人认为，要在月球引爆一次核弹来解释行星天文学和天文学中的一些谜团。[1] 如今，许多人的梦想仍和天上的星星有关。

那次的夏天似乎来得更晚一些，在一个温度宜人的晚上，我应了一个奇怪的邀请，来到布赖恩公园位于纽约公共图书馆地下档案馆上方的草坪，庆祝人类太空舱进入地球同步轨道——克拉克带。这里会发生些什么呢？我在人群中见缝插针、走来走去，想在草地上找一个座位，那里有数百人正懒洋洋地坐着、听着。使用望远镜观察苍茫的天空引起了我的兴趣，这是纽约业余天文学家协会的成员发现的别致的观测方法。我站在那儿，想透过黑夜更仔细地看看这片天空。

那天晚上的景象十分真实。为了往上看，人们都伸长了脖子。在人们全神贯注地观察时，这里一片寂静。观察天空时，头会跟着转动，因为全景视野永远不是固定的、静态的。在暮色中，从人们举手投足间可以看出，他们的兴趣从未减弱。

那次活动的重点，不是那颗通信卫星（像贴在甲板上的一片缩微胶片一样小）如何在那年秋天晚些时候从哈萨克斯坦的一个偏远地区发射。草坪上挤满了半个街区那么多的人，他们参加这个活动并不是为了听到这个消息。相反，这次活动的核心是：

- 普利策奖得主特蕾西·K. 史密斯（Tracy K. Smith）的作品；
- 加州大学伯克利分校艺术家兼地理学家特雷弗·帕格伦（Trevor Paglen）的演讲；
- “创意时代”首席策展人纳托·汤普森（Nato Thompson）的讲话——汤普森和安妮·帕斯特纳克（Anne Pasternak）邀请帕格伦构思了一个时间胶囊计划；
- 纽约公共图书馆公共项目主任保罗·霍尔登格拉伯（Paul Holdengräber）主持的访谈，其中电影制作人沃纳·赫尔佐格讲述了帕格伦将哪些照片选入了时间胶囊——所有对有关人类努力的记录，都是未来的缩影。

对于时间胶囊的雄心勃勃、异想天开，甚至是“荒谬”，帕格伦直言不讳。这样做并不是希望外星人遇到这颗卫星，看到这么多照片时有多么惊讶。“外星人有眼睛吗？他们关心艺术吗？我不会让艺术把他们拖垮的。”当赫尔佐格开始把谈话变成吐槽时，他开玩笑地说。

然而，不透明性是这个项目的辛酸之处。人类永远都无法将用生命在地球上所做的、对地球所做的以及通过地球所做的一切传达出去。

“这是对人类的意义。”赫尔佐格后来说道，他的吐槽变成了沉思。

帕格伦选择了哪 100 张照片？这些照片包括：

- 1951 年，在海丽塔·拉克斯（Henrietta Lacks）[①] 不知情的情况下，从她身上提取的“海拉细胞”；
- 认知科学家拉斐尔·努涅斯（Rafael Núñez）发现的没能在现实世界中得以应用的数学函数，1899 年，庞加莱认为这是一个失败，但努涅斯认为这是人类能动性的标志；
- 老彼得·布吕格尔（Pieter Bruegel）绘制的《巴别塔》的一个细节之处，也是人类沟通破裂的标志；
- 计算机中一个 bug 的照片——在哈佛大学测试的马克 II 型艾肯中继器计算机，一只小飞蛾钻进了计算机电路造成了电路故障；
- 一张满是问题的巴比伦数学平板电脑 YBC 4713 的照片；
- 一本百万字的书上的列表；
- 由美国兰德公司制作的最长的无模式列表，用以显示数学的极限；
- 美国国家航空和宇航局从月球表面拍摄的“地球升起”的照片；
- “哇！”序列—— 一种在其他领域检测到的频率，被视为其他

① 海丽塔·拉克斯又被称为“永生的海拉”。她是一名美国黑人女性，死于宫颈癌，但从她身上提取的癌细胞帮助科学家攻克了一个又一个科学难题。这种癌细胞繁殖能力极强，以她名字的前两个字命名，即“海拉细胞”，遍布世界上所有的医学或生物实验室，每个癌细胞里都有亨丽埃塔的 DNA，在某种意义上，海丽塔·拉克斯得到了“永生”。

潜在生命的迹象；

- 人类第一次把鲨鱼放在水族馆的照片。

出现在成功和失败之间的界线才是重点，人类只是这个星球的一小部分，弗吉尼亚·伍尔芙称之为全球范围内“永无止境的崩塌和更新”。这个项目潜在的惰性（没有人会去看这些东西）是一个寓言，说明失败对创造了它的社会会产生什么作用。在那片草坪上，人们谈论着人类如何飞入轨道，飞去人类看到的最远的地方，以及如何设法与盘旋在视线中的大山相遇。

当人们把被利用或被中伤看作提高自身能力的动力时，实际情况就会发生变化。约翰·肯尼迪总统曾经提到过一句老话，导致胜利的因素有很多，导致失败的因素却只有一个。失败是一个孤儿，直到人们给失败找到一个说法，它才会变成可接受的，因为这个说法是在有故事的背景下提出的，就像你挚爱的星座里的某一颗星星。

到了一定的高度，你就会发现，沉潜往往是在一个看似破烂不堪的基础上开始的，就像数字零一样，它永远都是无限可能性的开端。没有合适的词能被用来形容沉潜时的生命曲线，而最简单的概括可能是 17 世纪的日本诗人、武士水田正秀的那个俳句：“待谷仓燃尽，我便可望月。”

从长远来看，重视沉潜时的生命曲线，不是因为在某个高度上成就了什么，而是因为它告诉人们，沉潜的力量是多么的不可思议、难以描述和难以察觉。有些机会是好的，就连其反面也不一定是有害的，它使人们前行的道路变得像射出去的箭一样，虽有弧度却能直达目标。

尾注

[1] 传记作者凯伊·戴维森（Keay Davidson）发现，1959 年，卡尔·萨根（Carl Sagan）在申请加州大学伯克利分校的研究生奖学金时泄露了消息。冷战期间，美国空军聘请了科学家、天文学家萨根，来计算在月球上引爆核弹在数学上是否可行，想要以此向俄罗斯展示美国的军事力量。这项计划是高度机密的，直到萨根的传记面世，其细节才被公之于世。这些令人恐惧的想法揭示了人类对自己之外或近或远的事物以及这一切错综复杂的关系的认知有多浅薄。

致 谢

我有时会打开一本日记，听从内心的想法去参加活动、和朋友聊天或者听一场讲座，而根据这些经历，我会遇到全新的故事，可以扩大本书内容涵盖的范围。对此，我首先要感谢的是在我并不擅长的领域给予了我帮助的朋友们。

在我的一生中，我的父亲特德·刘易斯（Ted Lewis）和母亲黛安娜·刘易斯（Diane Lewis）倾其所有来确保我能受到良好的教育，有超越他人的资本。我非常感谢他们对我的爱和为我做出的牺牲，也非常感谢他们抑制了我对为什么在花了多年时间追求优秀后却要花更多的时间来写它的反面的疑惑。

我很幸运，拥有一位睿智、机敏、善良的经纪人埃里克·西蒙诺夫（Eric Simonoff），他花了很多时间整理我的手稿。我很感激本·勒嫩（Ben Loehnen）和乔纳森·卡普（Jonathan Karp）的理解。如果没有本的明智、忠告和耐心，那我将不知道在何处找到空间和鼓励，把这一想法写下来。对我来说，有幸与埃里克、本、乔纳森、特雷西·费希尔（Tracy Fisher）和西蒙·特里温（Simon Trewin）共事，是一份真正的礼物。

在耶鲁大学，我从我的导师、同事和学生那里学到了很多东西。我要特别感谢以下这些人：罗伯特·F. 汤普森、亚历山大·内梅罗夫（Alexander Nemerov）、科贝纳·默瑟（Kobena Mercer）、约翰·麦凯（John MacKay）、马修·F. 雅各布森（Matthew Frye Jacobson）、劳拉·韦克斯勒（Laura Wexler）、伊丽莎白·亚历山大（Elizabeth Alexander）、蒂莫西·巴林杰（Timothy Barringer）、格雷戈里·克鲁森、约翰·皮尔森（John Pilson）、科利尔·肖尔（Collier Schorr）、塔琳·西蒙（Taryn Simon）、德博拉·卡斯（Deborah Kass）、罗谢尔·范斯坦（Rochelle Feinstein）、威廉·维拉隆哥（William Villalongo）、萨拉·奥本海姆（Sarah Oppenheim）、戴维·汉弗莱斯（David Humphries）、罗伯特·斯托尔（Robert Storr）和山姆·梅瑟（Sam Messer）。

本书的研究大部分都是 Talmudic 研究的结果，对本书内容的修正极有帮助，本书在制片人克里斯蒂娜·安（Christine An）、考特尼·菲斯克（Courtney Fiske）、卡尔·朱盖尔（Carla Giugale）、弗雷克·奥洛古那加（Folake Ologunja）、亚斯明·库雷希（Yasmeen Qureshi）与萨拉·张（Sarah Zhang）的帮助下完成。我要特别感谢 Courtney 的坚韧和洞察力。

为了这本书，近 150 位朋友接受了采访，感谢他们，特别是：利兹·迪勒、本·桑德斯、艾维·罗斯、温迪·帕尔默、康斯坦丁·诺沃肖洛夫、富兰克林·伦纳德、迈克·博尼费（Mike Bonifer）、詹姆斯·道森、德博拉·伯克（Deborah Berke）、安杰拉·L. 达克沃思、多米尼克·伦道夫、彼得·冈贝斯基、埃伦·哈维（Ellen Harvey）、珍妮·芬利（Jeanne C. Finley）、巴希尔·萨拉赫丁（Bashir Salahuddin）、艾琳·帕斯洛夫、戴维·塞德勒、诺厄·奥本海姆、梅甘·图拉赫（Megan Tulac）、斯坦利·克劳奇（Stanley Crouch）、丹尼尔·勒纳（Daniel Lerner）、威廉·鲍里达（William Powhida）、珍妮弗·多尔顿（Jennifer Dalton）、卡马乌·巴顿（Kamau Patton）、阿什利·古德、保罗·L. 伊斯克（Paul Louis Iske）、帕克·米切尔和 EWB 的乔治·罗特、奥尔登·哈德温（Alden Hadwen），以及“失败大会”的卡斯·菲利普斯（Cass Philips）和黛安娜·洛维利奥（Diane Loviglio）。

有几次关于这个话题的意外交流激励着我在重要的时刻继续前进。其中一次是阿里·伊曼纽尔（Ari Emannuel）、帕特里克·怀特塞尔（Patrick Whitesell）、埃里克·西蒙诺夫和珍妮弗·R. 沃尔什（Jennifer Rudolf Walsh）邀请我在威廉·莫里斯的奋进娱乐公司的一次会议上采访其前副总统阿尔·戈尔，我十分荣幸。非常感激耶鲁大学艺术学院的同事、圣丹斯研究所、“创意时代”、珍本书稿库、纽约公共图书馆、纽约市立大学研究生中心、福特基金会和机会议程的朋友们。我还与安迪·沃霍尔视觉艺术基金会的董事会成员就言论自由的重要性进行了一系列激烈又亲切的谈话，这对我的工作产生了很大的影响。我发现，我写美学力量及其与正义的联系的勇气，在很大程度上都来自这次谈话。

最后，要感谢以下朋友们的谈话、关心、信件和学识，鼓励我踏上这段旅程：温顿·马萨利斯、德博拉·威利斯（Deborah Willis）、尼尔·I. 佩因特（Nell Irvin Painter）、卡丽·M. 威姆斯（Carrie Mae Weems）、帕特里夏·威廉斯（Patricia Williams）、德鲁·G. 福斯特、达芙妮·布鲁克斯（Daphne Brooks）、加尼特·卡多根（Garnette Cadogan）、丽贝卡·索尔尼、约翰·J. 沙利文（John Jeremiah

Sullivan)、凯瑟琳·舒尔茨、达伦·沃克（Darren Walker）、多迪·卡赞简（Dodie Kazanjian）、艾格尼丝·冈德（Agnes Gund）、爱德威奇·丹蒂凯特（Edwidge Danticat）、朱诺特·迪亚斯、艾伦·琼斯（Alan Jones）、加布里埃拉·德·费拉里（Gabriella De Ferrari）、比尔·凯利（Bill Kelly）、萨曼莎·博德曼（Samantha Boardman）、安妮·帕斯特纳克（Anne Pasternak）、利兹·卡布勒（Liz Kabler）、塔琳·西蒙（Taryn Simon）、彭尼·阿拜瓦德纳（Penny Abeywardena）、亚当·温伯格（Adam Weinberg）、丹尼尔·贝拉斯科（Daniel Belasco）、约翰·麦凯（John MacKay）、米歇尔·科菲（Michelle Coffey）、刘易斯·海德、凯瑟琳·克尔纳（Catherine Krna）、阿普里尔·Y. 加勒特（April Yvonne Garrett）、阿马·加特－塔戈（Amma Ghartey-Tagoe）、约翰·莱金德（John Legend）、埃莉斯·凡·米德兰（Elise Van Middelem）、马克·布拉德福德、迈尔斯·阿德克（Miles Adcox）、凯安加·埃利斯（Kianga Ellis）、德博拉·伯克（Deborah Berke）、戴维·阿贾耶、马里昂·B. 斯特劳德（Marion Boulton Stroud）、罗塞尔·戈德堡（Roselee Goldberg）、萨拉米沙哈·蒂耶（Salamishah Tillet）、德瑞姆·汉普顿（ Dream Hampton）、法拉·格里芬（Farah Griffin）、鲍勃·奥米利（Bob O'Meally）、伊马尼·佩里（Imani Perry）、本杰明·布朗夫曼（Benjamin Bronfman）、宾塔·布朗（Binta Brown）、萨拉·门克（Sara Menker）、布莱尔·米勒（Blair Miller）、珍妮·T. 科因（Jennie Tarr Coyne）、伊斯卡·吉恩菲尔德－桑德斯（Isca Geenfield-Sanders）、蒂莫西·吉恩菲尔德－桑德斯（Timothy Greenfield-Sanders）、玛丽·L. 珀尔曼（ Mary Louise Perlman）、沙伊·瓦沙尔海伊（Chai Vasarhelyi）、萨拉·M. 布里德奇（Sarah Melvoin Bridich）、杰米·尼科

尔斯（Jaime Nicholls）、简·弗里德（Jane Fried）、乔治娅·L. 基奥恩（Georgia Levenson Keohane）、葆拉·坎贝尔（Paula Campbell）、亚历山德拉·迪安（Alexandra Dean）、朱利安·布里斯（Julian Breece）、杰茜卡·施瓦茨（Jessica Schwartz）、卡雷纳·威廉斯（Careina Williams）、沙雷瑟·布洛克－贝利（Sharese Bullock-Bailey）、特蕾泽·沃克曼（Therese Workman）与梅赫雷图·曼德弗罗（Mehret Mandefro）。

未来，属于终身学习者

我这辈子遇到的聪明人（来自各行各业的聪明人）没有不每天阅读的——没有，一个都没有。巴菲特读书之多，我读书之多，可能会让你感到吃惊。孩子们都笑话我。他们觉得我是一本长了两条腿的书。

——查理·芒格

互联网改变了信息连接的方式；指数型技术在迅速颠覆着现有的商业世界；人工智能已经开始抢占人类的工作岗位……

未来，到底需要什么样的人才？

改变命运唯一的策略是你要变成终身学习者。未来世界将不再需要单一的技能型人才，而是需要具备完善的知识结构、极强逻辑思考力和高感知力的复合型人才。优秀的人往往通过阅读建立足够强大的抽象思维能力，获得异于众人的思考和整合能力。未来，将属于终身学习者！而阅读必定和终身学习形影不离。

很多人读书，追求的是干货，寻求的是立刻行之有效的解决方案。其实这是一种留在舒适区的阅读方法。在这个充满不确定性的年代，答案不会简单地出现在书里，因为生活根本就没有标准确切的答案，你也不能期望过去的经验能解决未来的问题。

湛庐阅读APP：与最聪明的人共同进化

有人常常把成本支出的焦点放在书价上，把读完一本书当作阅读的终结。其实不然。

时间是读者付出的最大阅读成本
怎么读是读者面临的最大阅读障碍
“读书破万卷”不仅仅在“万”，更重要的是在“破”！

现在，我们构建了全新的“湛庐阅读”APP。它将成为你“破万卷”的新居所。在这里：

- 不用考虑读什么，你可以便捷找到纸书、有声书和各种声音产品；
- 你可以学会怎么读，你将发现集泛读、通读、精读于一体的阅读解决方案；
- 你会与作者、译者、专家、推荐人和阅读教练相遇，他们是优质思想的发源地；
- 你会与优秀的读者和终身学习者为伍，他们对阅读和学习有着持久的热情和源源不绝的内驱力。

从单一到复合，从知道到精通，从理解到创造，湛庐希望建立一个“与最聪明的人共同进化”的社区，成为人类先进思想交汇的聚集地，与你共同迎接未来。

与此同时，我们希望能够重新定义你的学习场景，让你随时随地收获有内容、有价值的思想，通过阅读实现终身学习。这是我们的使命和价值。

湛庐阅读APP玩转指南

湛庐阅读APP结构图：

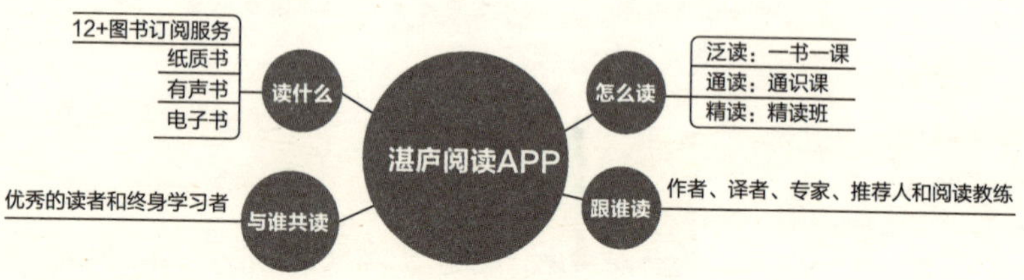

三步玩转湛庐阅读APP：

APP获取方式：

安卓用户前往各大应用市场、苹果用户前往APP Store直接下载“湛庐阅读”APP，与最聪明的人共同进化！

使用APP扫一扫功能，遇见书里书外更大的世界！

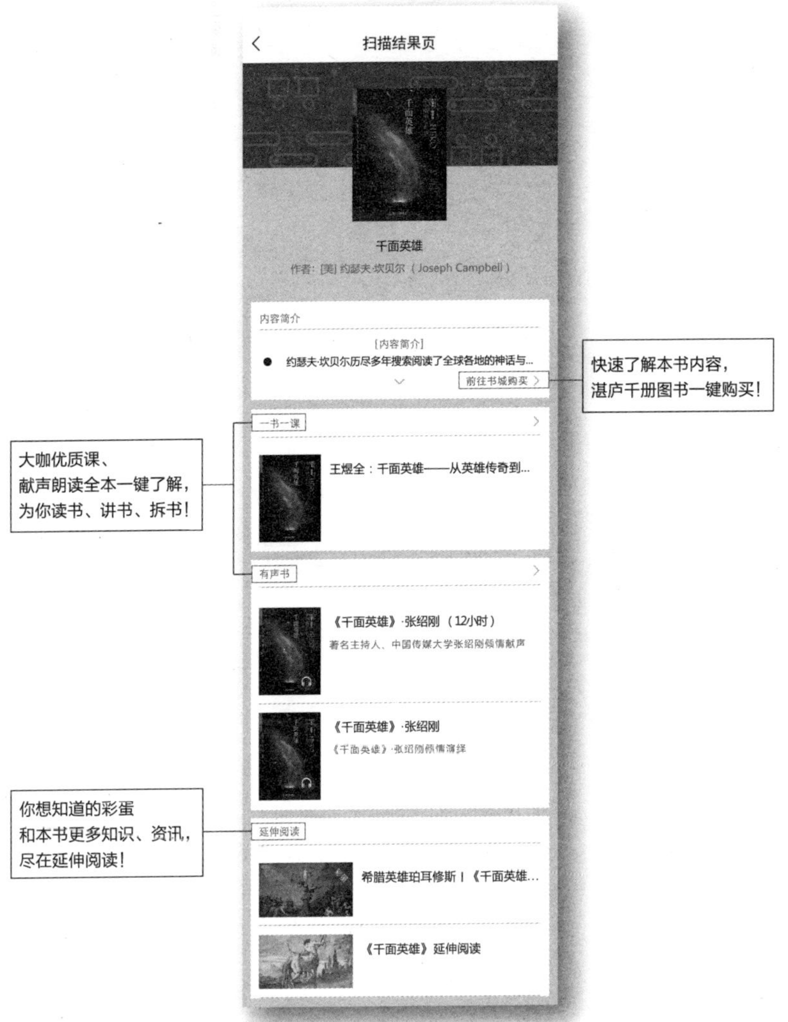

湛庐CHEERS

延伸阅读

《突破天性：哈佛大学最受欢迎的人格心理学课》

◎ 颠覆所有性格分类理论，自由改变人格，是每个人都能拥有的能力！

◎ 哈佛、剑桥高校师生、沃顿商学院教授都在读，让性格，成为你工作、生活、社交的优势！

◎ 作者布赖恩·利特尔是人格心理学大师，连续 3 年被评为“哈佛大学最受欢迎教授”，被外媒誉为“罗宾·威廉姆斯和爱因斯坦”的结合体。

《如何想到又做到：带来持久改变的 7 种武器》

◎ 媲美《影响力》的行为改变科学，雄踞《华尔街日报》销量榜榜首！

◎ 不需要苦练意志力，也不需要改变你的性格，7 大行为武器，3 大实现步骤，随时随地，拿来就用。

◎ 英特尔、思科、微软、谷歌、Facebook、Twitter、IBM 的高管都在用！7 大心理武器，让你无需意志力即可实现目标、成为精英。

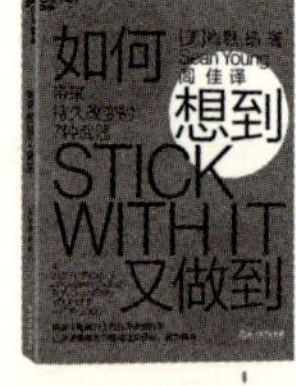

《战拖行动》

◎ 解析 3 大拖延类型、提供 4 大战拖方法，利用拖延公式，让你重拾轻快行动力！

◎ 媲美《拖延心理学》的行为改变科学，已成为全球众多知名高校和知名企业的培训用书。

《臣服的力量》

◎ TED 演讲超百万点击，美国首屈一指的能量治疗师的疗愈之作。

◎ 结合精神医学、直觉疗愈和灵性指引，解开现代人关于金钱、工作、爱情、病痛、死亡等 11 大人生课题的困惑。

◎ 给完美主义、过度敏感、好强求胜、生活失衡者的珍贵礼物。如果你很理性，可以找到适合你的改变生活的科学方法；如果你很感性，可以看到更加真实的自己！

图书在版编目（CIP）数据

浙江省版权局
著作权合同登记章
图字:11–2019–256号

你不是失败，只是差一点成功 /（加）萨拉·刘易斯著；仵愫译. —杭州：浙江人民出版社，2019.11

书名原文：The Rise

ISBN 978–7–213–09519–1

Ⅰ.①你…　Ⅱ.①萨…②仵…　Ⅲ.①成功心理–通俗读物　Ⅳ.①B848.4–49

中国版本图书馆CIP数据核字（2019）第234233号

上架指导：畅销书 / 成功励志

本书法律顾问　北京市盈科律师事务所　崔爽律师
张雅琴律师

你不是失败，只是差一点成功

［加］萨拉·刘易斯　著

仵愫　译

出版发行：浙江人民出版社（杭州体育场路347号　邮编　310006）

市场部电话：（0571）85061682　85176516

集团网址：浙江出版联合集团　http://www.zjcb.com

责任编辑：蔡玲平

责任校对：杨　帆　姚建国

印　　刷：天津中印联印务有限公司

开　　本：880mm × 1230mm 1/32　　印　　张：8.75

字　　数：190千字

版　　次：2019年11月第1版　　印　　次：2019年11月第1次印刷

书　　号：ISBN 978–7–213–09519–1

定　　价：62.90元

如发现印装质量问题，影响阅读，请与市场部联系调换。